产品包装设计

主　编　张艳平
副主编　张晓利　任金平
　　　　付治国　任成元

东 南 大 学 出 版 社
·南京·

内 容 提 要

书稿共分七章，第一章主要讲述包装的定义及功能；第二章主要讲述包装的设计程序及设计构思和定位方法；第三章主要讲述包装的平面设计要素及图形要素、色彩要素、文字要素；第四章主要讲述包装的立体形态设计要素及容器和纸容器设计要素；第五章主要讲述包装设计的文化特征与未来发展趋势；第六章主要讲述包装印刷的要素以及几种常见的印刷工艺的种类及流程；第七章摘录了一些优秀包装作品。书稿中每一个知识点都有对应的包装图片，以供学习者能更深入的理解，也有利于包装设计专业知识的大众化普及。

图书在版编目(CIP)数据

产品包装设计/张艳平主编. —南京：东南大学出版社，2014.5

ISBN 978-7-5641-4819-5

Ⅰ.①产… Ⅱ.①张… Ⅲ.①产品包装—包装设计—高等学校—教材 Ⅳ.①TB482

中国版本图书馆 CIP 数据核字(2014)第 063237 号

使用本教材的教师可通过 641494756@qq.com 或 LQChu234@163.com 索取 PPT 教案。

产品包装设计

出版发行：东南大学出版社
社　　址：南京四牌楼 2 号　邮编：210096
出 版 人：江建中
责任编辑：刘庆楚
网　　址：http://www.seupress.com
经　　销：全国各地新华书店
排　　版：南京星光测绘科技有限公司
印　　刷：南京顺和印刷有限公司
开　　本：787mm×1092mm　1/16
印　　张：8.5
字　　数：212 千字
版　　次：2014 年 5 月第 1 版
印　　次：2014 年 5 月第 1 次印刷
书　　号：ISBN 978-7-5641-4819-5
定　　价：38.00 元

目 录

第一章 包装设计概述 …… 1

一、包装设计与产品设计 …… 1

二、包装设计在工业设计专业中的地位 …… 1

三、学习包装设计的几点建议 …… 1

第一节 包装设计的定义及发展 …… 2

一、包装的定义 …… 2

二、包装发展简史 …… 3

第二节 包装设计的功能、分类 …… 6

一、包装设计的功能 …… 6

二、包装设计的分类 …… 8

第三节 包装设计的材料分析 …… 10

第二章 包装设计的流程及创意思维方法 …… 13

第一节 包装设计流程 …… 13

一、调查与分析 …… 13

二、设计构思 …… 14

三、设计定位 …… 14

四、设计草图 …… 14

五、施工图与效果图 …… 14

六、设计模型 …… 15

第二节 包装设计的构思 …… 15

一、设计主题构思 …… 15

二、设计角度构思 …… 16

三、设计表现手法构思 …… 16

四、设计表现形式构思 …… 17

第三节 包装设计的定位 …… 19

一、品牌定位 …… 19

二、产品定位 …… 19

三、消费对象定位 …… 20

第三章 包装设计的平面设计要素 …… 22
第一节 包装图形设计 …… 22
一、包装图形分类 …… 23
二、包装图形的表现形式 …… 27
三、包装图形设计要点 …… 32
第二节 包装色彩设计 …… 33
一、色彩常识 …… 34
二、色彩的感受 …… 35
三、色彩的联想 …… 40
四、包装设计色彩的对比与调和配色处理 …… 42
五、包装设计中色彩的应用原则 …… 46
六、包装设计中色彩应用的禁忌 …… 47
第三节 包装文字设计 …… 49
一、包装的文字类型 …… 49
二、包装设计品牌字体的设计应用 …… 50
三、基本印刷字体、书写体的应用 …… 54
第四节 包装编排设计 …… 58
一、包装编排设计的形式美原理 …… 58
二、包装编排设计的基本原则 …… 59

第四章 包装设计的立体形态设计要素 …… 63
第一节 纸容器造型设计 …… 63
一、纸材 …… 63
二、纸包装容器的个性特征 …… 64
三、纸容器造型的结构分类 …… 65
四、纸容器包装结构设计技巧 …… 73
第二节 容器造型设计 …… 77
一、容器造型设计的基本原则 …… 78
二、容器造型设计的方法与步骤 …… 79
三、不同材料的容器造型设计技巧 …… 83

第五章 包装设计的文化特征与未来发展趋势 …… 87
第一节 包装设计的文化性 …… 87
第二节 包装设计的民族化与国际化 …… 88

第三节 包装设计未来发展趋势 …………………… 92
一、以人为本的设计追求 …………………… 93
二、高社会责任感的设计体现 ………………… 93
三、民族化的设计追求 …………………… 95
四、以体验为导向的交互式设计观 ………… 95
五、创新观念与新技术的设计追求 ………… 96

第六章 包装设计的印刷与工艺 ………………… 98
第一节 印刷的要素 ………………………… 98
一、原稿 ………………………………… 98
二、印版 ………………………………… 99
三、承印物 …………………………… 100
四、印刷油墨 …………………………… 100
五、印刷机械 …………………………… 100
第二节 包装印刷的特点及工艺流程 ………… 101
一、包装印刷的特点 ………………………… 101
二、包装印刷的基本工艺流程 ……………… 102
第三节 包装印刷的种类 ………………………… 104
一、凸版印刷 ………………………………… 104
二、平版印刷 ………………………………… 105
三、凹版印刷 ………………………………… 106
四、丝网印刷 ………………………………… 108
五、柔性版印刷 ……………………………… 109
六、数码印刷 ………………………………… 110
七、特种印刷 ………………………………… 111
第四节 包装印刷制作过程 ……………………… 112
一、设计原稿 ………………………………… 112
二、照相与电分 ……………………………… 112
三、制版 ……………………………………… 112
四、拼版 ……………………………………… 113
五、打样 ……………………………………… 113
六、印刷 ……………………………………… 113
七、加工成型 ………………………………… 113
第五节 包装印刷品的表面加工工艺 ………… 114
一、烫印 ……………………………………… 114
二、上光与上蜡 ……………………………… 114

三、浮出 …………………………………… 114
四、压印 …………………………………… 115
五、扣刀 …………………………………… 115
六、覆膜 …………………………………… 115
七、UV …………………………………… 116
八、激光压纹 ………………………………… 116

第七章 包装设计优秀作品赏析 …………………… 118

参考文献 …………………………………………… 128

第一章　包装设计概述

包装设计是产品设计的外延，是产品转化为商品的必备手段之一，也是联系商品和消费者的纽带。包装既可以保护商品、美化商品，又可以传递商品信息。消费者可以直接通过包装了解商品的性能、使用方法、产地等相关信息。包装设计在当代正发挥着极其重要的作用。

一、包装设计与产品设计

包装设计是产品的衍生物，因为有了产品才诞生了包装，才有了包装设计。包装和产品就像身体和衣服的关系。包装设计自然就要量体裁衣，来适应产品的需要。面对同类产品的竞争，包装又承担起了美化产品、辅助销售的功能。由此看来，包装设计自始至终都是为产品以及销售服务的。

包装设计和产品设计同属于设计行业，所以在设计程序上，包装设计与产品设计非常类似，需要经过调查分析、设计定位、设计草图、三视图和最后定稿这样几个程序；但由于设计目的不同，在设计内容上，包装设计则更注重视觉传达的设计，说商品包装是“无声的推销员”实不为过；在造型设计上，包装造型受产品造型的限制；在材料选择上，包装材料的价格要和产品的价格相匹配。

二、包装设计在工业设计专业中的地位

包装虽是为了产品而设计，但是包装本身也是产品，是基于“产品”上的产品。由此说来包装设计应归属于工业设计。对于工业设计专业来说，包装设计应是必修的一门专业课。

三、学习包装设计的几点建议

包装设计看似简单，实则不然。它要求设计者具有严谨的科学态度，不怕烦琐的精神，要有一定的审美能力，同

时还要掌握包装设计的基础知识。

严谨的科学态度是指在包装设计的任何环节都要按照科学性进行，如容积的制定、包装面积的大小、包装材料的选择、色彩的选择、字体的选择等无不体现着科学性。设计者要有这样的科学意识。在包装设计的调查、分析过程中，要收集大量厂家、产品、消费者的有关资料，设计者必须不怕繁琐，如实查证。包装要在短时间内得到消费者的认可，必须在色彩、造型、文案设计上有所突破，使其能够在琳琅满目的同类产品包装中脱颖而出。这就要求设计者具备一定的审美能力。除此之外，设计者还要掌握包装的种类、包装设计材料、设计程序等相关的设计知识。

设计不是一蹴而就的事，需要时间来推敲，需要做设计项目进行磨炼。总之，只要踏踏实实勤学苦练，肯定能创作出独特、实用、环保的包装作品。

第一节　包装设计的定义及发展

一、包装的定义

包装一词可以从两方面理解，一是作名词讲，指盛装和保护物品的容器，包括桶、箱、瓶、盒、罐、蓝等。二是做动词讲，指盛填、包扎物品的操作行为。至于包装的定义，不同国家有不同的解释。

我国出版的《包装通用术语》对包装一词的解释是："为在流通过程中保护产品、方便储运、促进销售，按一定技术方法而采用的容器、材料及辅助物等的总体名称，也指为了达到上述目的而采用容器、材料和辅助物的过程中施加一定技术方法等的操作活动。"

美国《包装用语集》对包装的定义为：包装是为产品运出和销售做的准备行为。

英国《包装用语》对包装的定义为：包装是为货物的运输和销售所做的艺术、科学和技术上的准备工作。

加拿大对包装的定义为：是将产品由供应者送至顾客或消费者而能保持产品及其完好状态的工具。

《日本包装用语词典》对包装的定义为：包装是使用适当的材料、容器而施以技术，使产品安全到达目的地，即产品在运输和保管过程中能保护其内容物及维护产品之价值。

综合上述定义，包装可以理解为：包装是以保护产品、使用产品、促销产品为目的，将科学、社会、艺术、技术、心理等诸要素综合起来的专业设计学科，其内容主要包括容器立体造型设计、组合结构设计和平面设计。

二、包装发展简史

包装是人类智慧的结晶，并随着人类社会的发展而发展。从仅仅用来盛装物品，到售卖商品，再到美化商品，期间经历了漫长的历史时期。

古代的原始包装

人类最初的包装无疑是为了保护产品，便于储存和携带。古代包装的特点是利用各种天然材料，就地取材。早在旧石器时代，植物叶子、果壳、兽皮、贝壳、龟壳等物品就用来盛装食物或饮水，这些几乎没有技术加工的动、植物的某一部分，虽然还称不上是真正意义上的包装，但从包装的含义来看，已经具备了包装的基本功能。这样的包装是当时生产力发展所致，也是最环保的包装。在现代少数民族之中，竹、木、各种草、植物叶等天然材料仍然作为包装材料用来包装物品。

手工业时代的包装

在中国，手工业时代是一个漫长的时期，包装在这一时期逐渐成熟。

商周时期，纺织和青铜器等手工业生产已非常发达，丝绸作为赠品和贡品进贡时，其包装形式是装在竹筐中。如《禹贡》中就有“扬州厥篚织贝”的记载。贵族阶层包裹玉器等心爱之物也是用丝绸，像河南安阳临潼出土的铜觯和铜钺以及青玉戈上都留有明显的丝织物印痕，这充分说明了丝绸在当时是包装的一种材料。青铜器的大量铸造，使得包装材料有了新的发展，青铜铸造的壶、罐等成为新的包装容器，容器外铸有绳子纹样的装饰。

战国、秦汉时期，髹漆技艺日臻成熟，使得包装有了新的突破。当时妇女梳妆的漆奁，已成为流行的包装。韩非子“买椟还珠”的记载，真实地反映了当时包装精湛和人们注重华丽包装的心态。此外，竹、藤、苇、草等多种植物枝条编制的包装品继续发展，多成为大众物品的包装。

唐代，社会发展空前繁荣，国力强盛，经济发达，此时的包装，在继承前代各类包装形式之时，开始呈现出独具时代风格的特点。

图 1－1 《清明上河图》中，人们肩膀挑着的为框篓之类的包装物。

佛教在当时处于鼎盛时期，佛事用品的包装用材考究，整体风格庄严。其包装多采用层层包装的形式。唐朝统治阶层崇尚金银，因而造型别致、纹饰精巧的金银器包装大量出现，普遍使用錾花、焊接、刻凿、鎏金等工艺方法，其文案多为传统龙凤题材与域外宝相、缠枝花卉及鸟兽等。在当时，纸多用来包装茶叶和中药。

宋代的手工业较唐代更加先进，贸易非常频繁。宋人张择端的《清明上河图》反映了当时繁忙的交易场景（图 1－1）。宋代雕版印刷术的出现，使包装设计趋于成熟。如北宋“济南刘家功夫针铺”的包装纸，这是包装史上最早的完整的包装。包装纸上面横写着“济南刘家功夫针铺”，中间印有一个兔子的形象，左右两边竖写着“认门前白兔儿为记”，下面还有广告文字字样（图 1－2）。

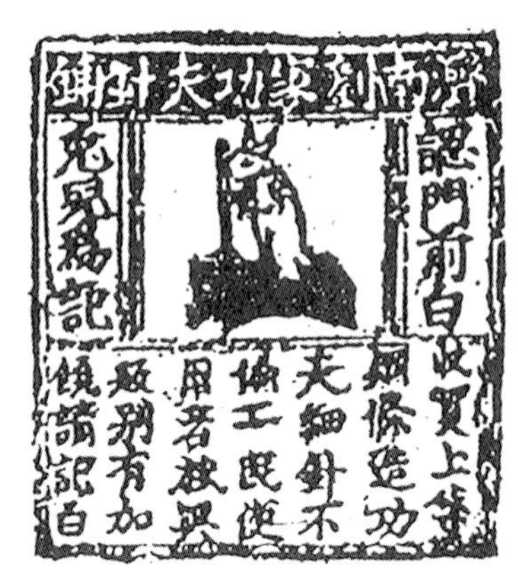

图 1－2 “济南刘家功夫针铺”。正文有“收买上等钢条，造功夫细针。……请记白”的文字。此广告不仅说明了店铺的名称、标识，同时还说明了店铺的经营范围、方法、质量。

元代和明代的包装基本上是沿用传统的包装形式，只是制作更加精细，包装更加成熟。

工业化时代的包装

16 世纪末以来，随着蒸汽机、内燃机以及电力的广泛使用，社会生产力迅猛增长，大量产品的生产导致了商业的迅速发展，包装的生产和使用也同时提高了机械化的程度。发展较快的国家开始形成生产包装产品的行业。这一时期的包装发展主要表现在以下方面：

包装材料及容器方面：18 世纪发明了马粪纸及纸板制作工艺，出现纸质容器（图 1－3）。19 世纪初发明了用

图 1－3　纸质容器包装

图 1－4　金属材质的罐头包装

玻璃瓶、金属罐保存食品的方法，从而产生了食品罐头工业(图 1－4)。

包装技术方面：16 世纪中叶，欧洲已普遍使用了锥形软木塞密封包装瓶口。17 世纪 60 年代，香槟酒问世时就是用绳系瓶颈和软木塞封口，到 1856 年发明了加软木垫的螺纹盖，1892 年又发明了冲压密封的王冠盖，使密封技术更简洁、可靠。

近代包装标志的应用：1793 年西欧国家开始在酒瓶上贴挂标签(图 1－5)，1817 年英国药商行业规定对有毒物品的包装要有便于识别的印刷标签等。

20 世纪以后，随着商品经济的全球化和现代科学技术的高速发展，包装的发展也进入了全新时期。主要表现有如下几个方面：

1. 新的包装容器和包装技术不断涌现。

2. 包装机械的多样化和自动化。如包装机、灌装机、

1855年的Bass啤酒

1862年的Cuinnees啤酒

1848年的马提尼

1860年的轩尼诗

图 1－5　酒瓶上开始贴有标签

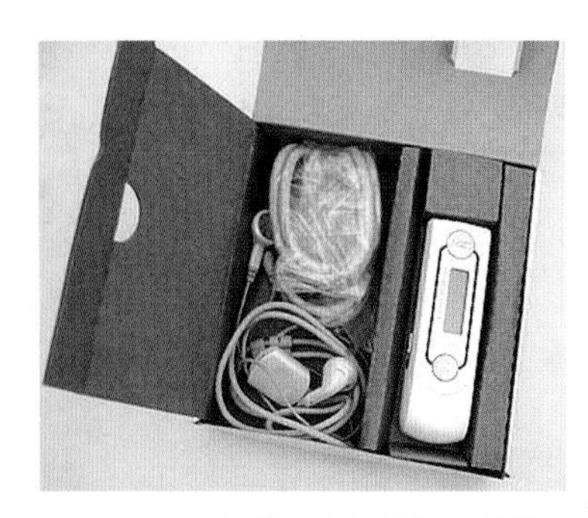
图1-6 此包装和中间的折叠结构可以防止在运输过程中受到挤压、碰撞等损害。

封口机、打码机等。

3. 包装印刷技术的进展。如纸印刷、塑料印刷和金属印刷等，而电子、激光技术又使印刷物品的清晰度大大提高，并加快了制版和印刷的速度。20世纪50年代后又发明了合成纤维技术、多层共挤复合技术、有机溶剂回收技术、无溶剂复合技术等。

4. 包装测试的进展。如包装密封度测试仪的应用。

5. 包装设计进一步科学化、现代化。CIS指导下的包装设计，使包装从解决自身形象和信息配置问题，上升到了解决包装和整个企业视觉形象的关系问题。

6. 环保包装成为现代包装的新趋势。主要体现几个方面：材料的节约；材料的可回收率、再生率的提高，提倡对材料的多次利用，再生性材料；材料在销毁上的便易，不破坏环境等。

第二节 包装设计的功能、分类

一、包装设计的功能

包装源于生活，并随着生产的发展不断演变。不同的历史时期，包装的功能不同。

现代包装的功能主要有以下几方面：

1. 保护、储藏功能

包装的保护功能主要体现在两方面，一是在运输过程中产品能保持原状，不受到碰撞、挤压、雨淋等的损害；二是体现在存放时能保持原有的物理化学性质，不至于使产品受潮、挥发、受冻等。储藏功能是最原始的包装功能(图1-6、图1-7)。

图1-7 包装内部的填充结构可以防止碰撞和挤压损坏产品。

图 1－8　此护肤品包装容量不同，便于消费者使用和携带。

2. 便利功能

包装的便利功能，体现在：在生产方面有利于商品的生产制造；在储运方面有利于装卸与识别；在堆放时，有利于集合包装；在销售时有利于商品展示、分类保管和零售；在使用时有利于消费者携带、开启、用量的选定、保存等（图 1－8）。

3. 辅助销售功能

包装的另一重要功能是传递信息、促进销售，是"无声的推销员"，是商品与消费者之间的媒介。包装的材料、图形、文字、色彩等能够间接反映产品的性能、质量、档次。为了使消费者在短时间内识别该产品并能有意购买，必须对包装进行精心设计（图 1－9）。

图 1－9　此包装上的字体、颜色、图形都能起到美化包装的作用。

4. 装饰美化功能

产品本身的状态不同，如液态、气态、固态。固态的产品又可以有更多的形态。精致的包装可以将这些不同状态的产品进行美化，增添美好的生活气息。如各种各样的酒瓶造型、火机造型、糕点包装造型等（图 1－10）。

图 1-10 这是一个男人味十足的火机，无论从造型上还是从材质、图案的选用上，都让人联想到男人的彪悍、勇猛、无畏。这种包装既美化了火机，又迎合了这类男人的心理需求。

二、包装设计的分类

由于新材料、新技术、新产品、新观念的不断更新，包装的分类也越趋复杂。从不同的角度，包装可以分为以下几类。

1. 从包装形态的角度划分

包装可以分为大包装、中包装和小包装。大包装主要是为了方便运输或储藏而设计的包装。中包装是为了二级经销商组装和购销计量而设计的。如集装烟草的纸盒，集装颜料的纸盒等。小包装是直接盛放产品的包装，主要针对消费者而设计。（图 1-11）

图 1-11 图左边为大包装，图右边分别为中包装（纸壳）、小包装（玻璃瓶、瓷瓶）。

图 1－12　图上方和左下角为集装箱，右下角为木箱。这种包装一是方便运输，二是防止挤压。

2. 从用途的角度分类

可分为：运输包装和商业包装。运输包装是以运输为目的的包装，方便产品运输或防止产品在运输过程中受到挤压碰撞。如麻袋、集装箱等。商业包装是以销售为目的的包装，其目的是传递信息和美化产品。(图 1－12)

3. 从商品的角度分类

可分为：食品类包装、化妆品类包装、药品类包装、文化品类包装、化学工业类包装等。商品的类别不同，对包装的设计要求也不同。(图 1－13，图 1－14，图 1－15)

图 1－13　此图为食品包装，从包装材质和图案的选用上，充分体现了咖啡的韵味，让人不觉升起购买的欲望。

4. 从材料的角度分类

可分为：木质包装、纸质包装、塑料包装、金属包装、玻璃包装、陶瓷包装、纤维制品包装等等。

另外，包装还可以从工艺技术、设计风格进行分类。总之，了解包装的类别有利于在包装设计时进行定位。

图 1－14　此图为化妆品包装，这类包装设计可以从突出化妆品的某种特点入手，如味道、使用效果、档次等角度。此图中化妆品的形状和黄色的运用让人联想到化妆品的高贵。

图 1－15　药品包装在规格、文案上要充分体现其准确性。在颜色、图案、文字的选用上要和药品的性质相符合。

第三节　包装设计的材料分析

包装材料可以从两方面理解，一是生产用包装材料，二是制作包装模型所采用的包装材料。生产中应用的包装材料包括纸、纸板、塑料、玻璃、陶瓷、复合材料、化学纤维、竹材、金属、天然纤维等主要包装材料。不同的包装材料性能不同，所应用的领域也不同。在众多包装材料中，纸的类型较多，性能也不尽相同，常应用在工业、食品、药品等各个行业。

比如：纸袋纸，由于其具有较高的物理强度，如耐破度、撕裂度、抗张强度、耐折度等，能够抵抗在运输过程中的瞬时冲击力，所以常供水泥、化肥、农药等包装用（图 1－16）。牛皮纸，柔韧结实富有弹性，并且有较大的耐折度和较好的耐水性，主要包装工业品，如五金交电产品、仪器、仪表等，还可以制作档案袋、纸袋（图 1－17、图 1－18）。羊皮纸，又称硫酸纸。有工业用羊皮纸和食品用羊皮纸两种。具有防油、防水、不透气性，并且半透明。工业用羊皮纸主要用于包装化工药品、仪器、机械零件等（图 1－19）。玻璃纸，又称“赛璐玢”，其主要特点为透明、光亮。多用于纺织品、化妆品等商品包装的内层包装，用来美化商品，也可用于食品的内层包装（图 1－20）。食品包装用纸，用于食品的包装，可分为Ⅰ型、Ⅱ型、Ⅲ型三种型号。另外还有黑色不透光包装纸、中性包装纸、半透明包装纸、条纹牛皮纸等。

图 1－16　纸袋纸

图 1－17　各种色彩的牛皮纸

图 1－18　用牛皮纸为主要材料的咖啡包装，除了体现环保的设计理念外，还能让消费者感受到咖啡的纯朴品质。

图 1－19　羊皮纸

图 1－20　用玻璃纸做包装的主要材料，通透、轻盈的特点更能突出花朵的娇艳、美丽。

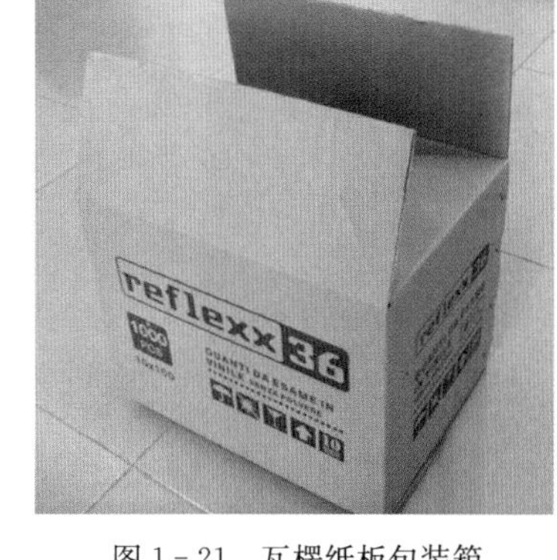

图 1－21　瓦楞纸板包装箱

纸板类包装材料主要有牛皮纸板、黄纸板、白纸板、护角纸板、复合加工纸板、麻面纸板等。多用于盒、箱的制作(图 1－21)。

塑料由于具备质量轻，有良好的耐磨耐腐蚀、绝缘性、防水性、阻隔性、可塑性等特点，是使用面较广的包装材料。比如在食品包装、工业包装、药品包装、纺织品包装上多选用塑料包装(图 1－22)。

玻璃包装材料透明性好，具有抗腐蚀性，硬度大，不易受损，不透气，可反复使用。多用于护肤品、食品、药品的

图 1－22　此图盒内为塑料食品包装，透过半透明性塑料能看到食品的形状和颜色。

图 1－23　玻璃材质包装

图 1－24　金属材质包装具有一定的抗挤压作用。

图 1－25　有机玻璃板材质的包装。

图 1－26　用木头做外包装的美食包装。

包装(图 1－23)。

金属材料具备遮光性,隔绝水汽的能力较强,可以进行精确加工,有较高的机械强度,所以也是用处较多的包装材料。液态、气态的产品多用金属包装(图 1－24)。

以上对生产中所用的包装材料进行了简单的介绍,下面再介绍一些制作包装模型所用的常用材料。主要有:石膏、木料、纸、有机玻璃、油泥、塑料板、天然植物、金属等。其主要性能、特点如下:

石膏:质地细白,加水溶解后凝固成型,可翻制各种体块,也可做模具。不易制作大模型,与其他材料连接的效果欠佳。瓶、管、罐之类的包装都可以用石膏材料制作模型。

有机玻璃板:有透明、不透明、半透明多种效果,质地细腻,加热可弯曲,冷却后成型(图 1－25)。

木料:可以分为木板和木料。质轻、密度小,色泽纹理丰富,便于加工、易涂饰。同时具有易燃、易受虫害影响,加工过程中易出现裂纹和弯曲变形等缺点(图 1－26)。

纸板:质量轻而软,有一定的弹性和强度,可弯可折,易加工,且品种、规格、色彩多样。但物理特性差、强度低、吸湿性强、受潮易变形。

油泥:可塑性强,加工方便,表面不易开裂,可反复修改、重复使用,并可以进行表面涂饰。但怕压、怕碰,遇热则软,遇冷便硬。比较适合制作一些形态复杂与体量较大的模型,在包装模型制作中用得较少。

随着科学技术的进步,包装材料也逐年进行着更新。包装所选用材料要和所包装产品的性能要求以及设计目的相符。经济、实用、环保、美观的材料才是首选材料。

*　　*　　*

本章小结:在不同的国家,包装设计定义的具体说法不同,但其核心都是产品、销售、使用这三方面;包装设计的功能具有一定的历史性,随着社会的发展,其功能也逐渐演变。包装设计发展到现在主要有储藏、保护、便利、销售、美化功能。包装设计从不同的角度可以分为不同的种类。

习题:

1. 包装设计与工业设计的关系是什么?
2. 简述包装设计的定义?
3. 了解包装发展史对包装设计有什么用处?
4. 简述包装设计的功能和分类?

第二章　包装设计的流程及创意思维方法

第一节　包装设计流程

一、调查与分析

调查与分析是包装设计的准备阶段。知己知彼，百战百胜，包装设计要使商品在竞争中处于不败之地，必须对产品、市场销售、包装装潢等情况进行详细了解。调查时既要调查设计对象，也要调查竞争对象，真正做到知己知彼，为后续的设计定位奠定基础。

1. 产品调查

产品调查内容包括产品的品牌与档次；特点与功能；质量与使用价值；生命周期；材料、工艺与技术；成本与利润等。

2. 市场销售调查

市场销售调查包括消费对象调查；供需关系；市场占有量；销售区域及时节；销售方式等。

3. 包装装潢设计调查

包装装潢设计调查包括包装材料、技术与工艺；包装形式与结构；表现手法与表现风格；包装成本；存在问题等。

市场调查直接关系到设计定位的决策和设计表现的实施，调查资料力争充分和准确。

在收集了完整的资料后，就要对收集的资料进行客观的评价和建议，根据分析结果来考虑包装造型、包装材料、包装形式、包装的文化内涵等因素，以求准确定出设计方案。

二、设计构思

设计构思是当设计者掌握了调查资料后，对企业的要求、档次、销售对象、竞争对手、所用材料、包装造型等进行综合分析，以便确定包装设计如何表现。设计构思在后续章节会做详细介绍。

三、设计定位

设计定位主要是解决设计构思的方法，按照商品的属性、档次、销售地区和对象，决定设计因素和格局，进行商标定位、产品定位和消费者定位。也就是说：确定谁卖的产品，卖什么产品，卖给谁。

四、设计草图

设计草图主要解决包装的造型、色彩、质感等外观问题。草图是确定最终方案的基础，设计草图时思路要展开，保证足够的数量，以便推敲筛选最终方案。

五、施工图与效果图

施工图也被说成三视图或制图(图 2－1)。施工图要严格按照国家标准技术制图的各项规定，切忌自己编造。施工图主要包括主视图、俯视图、侧视图。

图 2－1 三视图

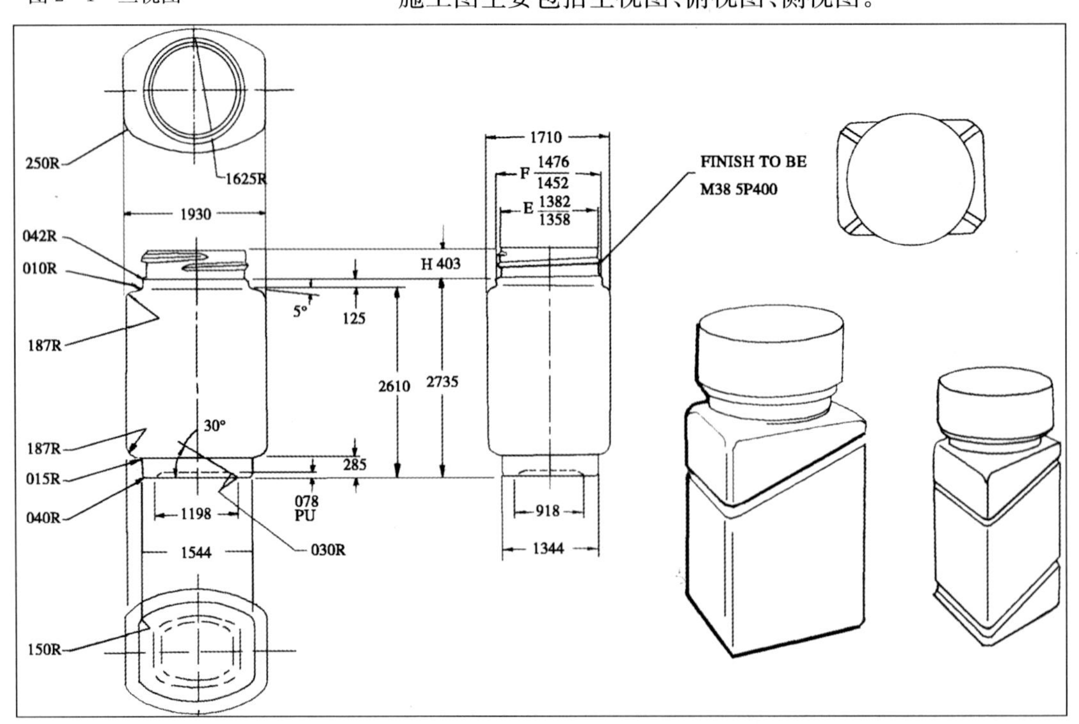

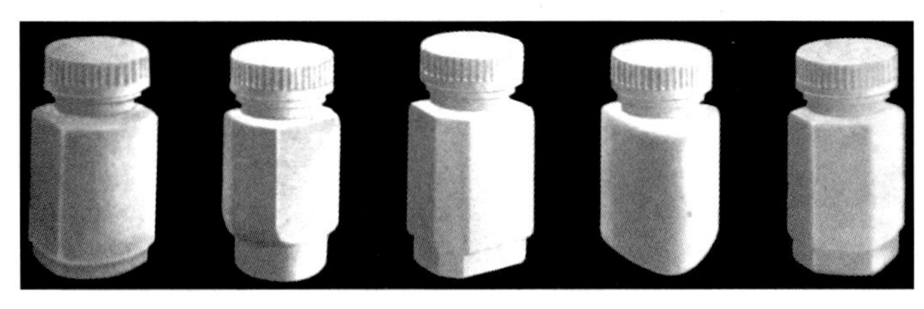

图 2－3　包装的石膏模型

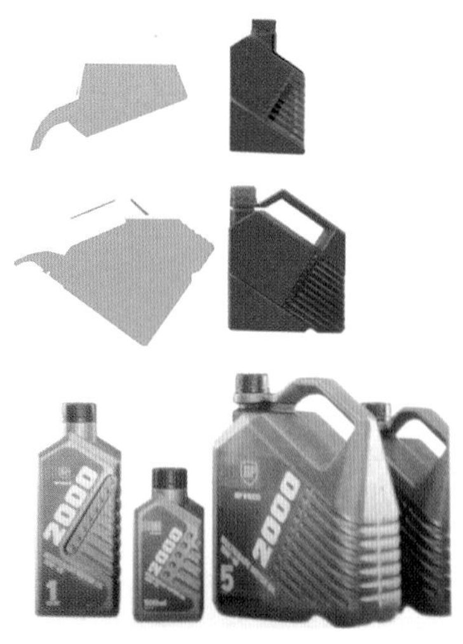

图 2－2　效果图

效果图是为了表达设计效果而绘制的图，效果图要尽可能如实反映制成后的真实效果，要遵循科学性、真实性、艺术性的原则（图 2－2）。

六、设计模型

设计模型和实物很接近，能够清楚地反映设计者的构思，是设计方案能否被采用的关键。包装设计模型的材料，可以是石膏、纸材、有机玻璃等（图 2－3）。

第二节　包装设计的构思

构思是设计的灵魂，如何构思没有定式可循，其核心在于包装设计需要表现什么和如何表现，以此来塑造一个理想的商品形象。设计构思必须围绕设计目的展开，所有设计要素都要满足设计目的的需要。这样的设计会给消费者带来瞬间的整体认知和感觉，能够促成销售。设计构思要层层深入，但始终不离设计目的，就像绘画要围绕着立意由整体到局部再到整体这样的过程进行。按设计构思的进展程序，可以将设计构思分为以下几类：包装设计的主题构思、包装设计的角度构思、包装设计的表现构思。

一、设计主题构思

设计主题相当于作文的中心思想，是包装设计所表现内容的重点。包装设计有空间上的局限性，如容积和表面积的大小。同时，包装设计还有时间上的局限性，包装必须在短时间内为购买者认知。这种时空限制要求包装设计不能盲目求全，面面俱到，必须要有主题。

确定主题时，要对企业、消费者、产品三方面的有关资料进行比较和选择，其目的是如何提高销售。确定主题的有关项目主要有：商标形象，牌号含义；功能效用，质地属性；产地背景，地方因素；集卖地背景，消费对象；该产品与现有同类产品的区别；该产品同类包装设计的状况；该产品的其他有关特征等等。这些都是设计构思的媒介性资料。设计要尽可能多地了解相关资料，以便准确确定设计主题。

确定设计主题时一般从商标牌号、产品本身和消费对象三个方面入手。如果产品的商标牌号比较著名，就可以用商标牌号为表现主题；如果产品有突出的特色或该产品是新产品，则可选用产品本身作为表现主题；如果产品有针对性的消费者，可以以消费者为表现主题。总之表现主题的确定要根据具体情况定夺。

二、设计角度构思

设计角度是设计主题的细化。如果以商标、牌号为设计主题，设计角度则可细分为商标、牌号的形象，或商标牌号的含义。如果以产品本身为设计主题，设计角度则可细分为产品的外在形象或产品的内在属性或其他。设计角度的确定使包装设计主题的表达更加明确。

三、设计表现手法构思

设计表现是设计构思的深化和发展，是表达设计主题和设计角度的载体。设计表现又可分为设计手法表现和设计形式表现。设计手法是表达设计主题的方法，常用的设计手法有直接表现和间接表现两种。

1. 直接表现法

直接表现是通过主体形象直截了当地表现设计主题，一般运用摄影图片或开窗式包装来展示产品的外观形态或用途、用法等。也可以运用辅助性方式来表现产品，如运用衬托、对比、归纳、夸张、特写等手法(图 2-4)。

图 2-4 鸡蛋的写真拍摄让人联想到鸡蛋的质量一流。

2. 间接表现法

间接表现是借助于其他有关事物来表现产品，画面上不出现所表现对象的本身。比如借助产品的某种特殊属性或牌号等。如一些大牌子的产品，像耐克、索尼等就可以借助牌号作为包装的外观形象。再如香水、酒、洗衣粉等这类产品无法直接表现，可以借助消费者的感受来表现。间接表现多选用比喻、联想和象征等手法来表现设计主题(图 2-5)。

图 2-5　运用比喻手法，用细嫩的剥皮鸡蛋比喻用完香皂后的皮肤。

无论是直接表现、还是间接表现，都需要选择一个合适的表现形式。既要考虑对主题内容的正确表现，还要考虑到与商品整体形象和设计风格的和谐统一。

四、设计表现形式构思

设计形式是设计表现的具体语言，可以涉及材料、技术、结构、造型、形式及画面构成等各个方面。材料、技术、结构，受到时代科技发展的制约，选择大于设计。从宣传和促销的角度出发，设计表现形式主要从立体造型和平面表现形式两方面考虑。

1. 立体造型

包装造型是以实用功能为基础的，所以同类产品的包装造型都具有一致性。比如，洁面乳的包装造型多为塑料管状，方便洗脸时挤出，同时方便控制使用剂量。但是包装除了满足实用功能外，还有美化商品、促销商品的作用。

图 2-6 系列化妆品包装

图 2-7 开窗式包装，方便消费者观看

基于此目的，包装造型必须在满足实用功能的基础上有所突破，让人有耳目一新的感觉。包装造型设计构思可以从以下几方面入手：① 体量的改变。在原有包装造型的基础上进行体量大小和尺寸比例的变化。例如改变商品的体积容量、商品的组合系列、增加内衬、扩大空间等(图 2-6)。② 包装形式的改变。例如采用开窗式、嵌插式、增加提手、附加飘带等(图 2-7)。③ 部分材料与工艺的改变。例如真空吸塑、吹塑、草编及不同材料的组合应用(图 2-8)。

2. 平面表现形式

平面表现形式属于包装装潢，主要通过形、色、字来传递商品信息和美化商品，使消费者产生一定的联想和感受。平面设计表现形式中的基本原理和基本方法在包装设计表现中都可以应用。平面图形设计形式构思主要包括以下内容：

① 图形的选择。在包装装潢设计中，图形要为设计主题服务，图形的选择要以准确传达商品的信息、迎合消费者的审美情趣为目的。具体表现形式可分为具象图形、抽象图形、装饰图形三种基本类型。构思时就要考虑是用具象的照片形式，还是抽象的绘画形式，还是装饰图形，还是将其综合使用。

② 色彩的制定。色彩具有象征性和感情特征，是最容易引起消费者产生联想和共鸣的视觉要素。色彩可以让人联想到香甜等味觉、软硬等触觉、朴素华丽等心理感觉。构思时要考虑色彩的象征性、色彩的感情特征、色彩的基调、色彩的种类及面积分配等。

图 2-8 以椰子壳为包装材料，突出产品的原汁原味。

③ 字体的设计。字体可以准确传达商品信息。如商品名称、容量、批号、使用方法、生产日期等必须通过文字

表现。构思时要考虑字形的选择，字体的大小、位置、方向，字体的颜色、编排等。要本着视觉传达迅速、清晰、准确的原则设计字体。

现在的包装设计从单体设计走向了系列化设计，系列化设计是对同一品牌的系列产品、成套产品和内容互相有关联的组合产品进行统一而又有变化的规范化设计。系列化设计的目的是提高商品形象的视觉冲击力和记忆力。在对系列化包装设计进行构思时，要考虑到包装个体之间的统一与变化。如，保持图形、色彩、文字、编排等形式上的统一，强调材料、造型、体量上的变化；或保持材料、造型、体量上的统一，强调图形、色彩、文字、编排等形式上的变化。但无论如何变化，品牌始终是作为统一的共性特征来进行重点表现的，这在系列化设计中至关重要。

第三节　包装设计的定位

包装在满足促销功能时是有一定相对性的，总是针对一部分消费群体。所以包装在传达商品信息时要尽量使这些消费群体感到满足。调查这些消费群体的需求点，据此确立设计的主要内容、方向等，是设计定位时解决的问题。设计定位的意义是把商品中优于其他商品的特点强调出来，把其他包装设计中没有体现的方面突出出来，使包装设计具有创意。包装设计定位是包装设计程序中的一个重要环节，它关系到包装设计的成败。

一、品牌定位

品牌既代表生产者的形象，也代表产品的形象，品牌定位主要指生产者定位。主要包括以下内容：生产者的经营历史、经营品牌、经营理念、经营策略、声誉、产品宣传方式、文化底蕴等。在做品牌定位时，要突出生产者的优势。

二、产品定位

产品定位的目的主要是找出被包装产品和同类产品之间存在的差异，以被包装产品的独特性作为设计定位点。如：产品类别、产品的具体特点、使用方法及场合、价格水平等。

图 2－9　包装迎合消费者的求新心理,产品的花瓣形排列,使包装具有生活气息。

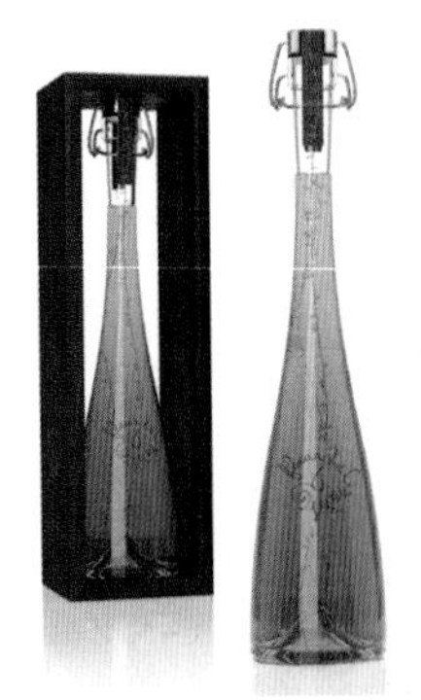

图 2－10　包装无论从颜色还是造型上都流露出一种美感,令人赏心悦目。

三、消费对象定位

消费对象是指产品的销售对象。消费对象主要包括两个方面：一、人群对象定位,指哪一类人,如年龄、性别、职业等。二、心理对象,指消费者的心理需求。不同的生活方式、个性和不同民族、爱好的人心理需求不同。消费心理的多维性和差异性决定了商品包装必须有多维的情感诉求,才能吸引特定的消费群体产生预期的购买行为。消费者的心理需求主要包括：

1. 求便心理。方便,是消费者普遍存在的心理需求。如透明包装可以方便挑选商品。软包装饮料方便携带等。

2. 求实心理。包装纵然美观华丽,但消费者买的是产品而不是包装,当包装的价值与产品价值相当或大于产品价值时,就难以赢得消费者的认同。

3. 求新心理。材料、工艺、款式新颖的包装往往容易迎合消费者的心理需求(图 2－9)。

4. 求信心理。消费者在选购商品时往往注意商品的厂家、商标,以求得该商品的信誉度。好多厂家都在商品包装上贴有防伪标识,就是迎合消费者的求信心理。

5. 求美心理。精美的包装对消费者来说是一种美的享受,可以使潜在消费者变为现实消费者,长久型、习惯型消费者(图 2－10)。

图 2－11　包装运用卡通形象作为包装图形,具有一定的趣味性,迎合孩子的求趣心理。

6. 求趣心理。趣味性的包装可以放松消费者的神经，给消费者带来乐趣。很多儿童食品包装里都放有玩具、卡片等就是为了满足儿童的求趣心理(图 2-11)。

7. 求异心理。求异是年轻人和有个性的人表现自我的一种心理，以求引领潮流、创造时尚(图 2-12)。

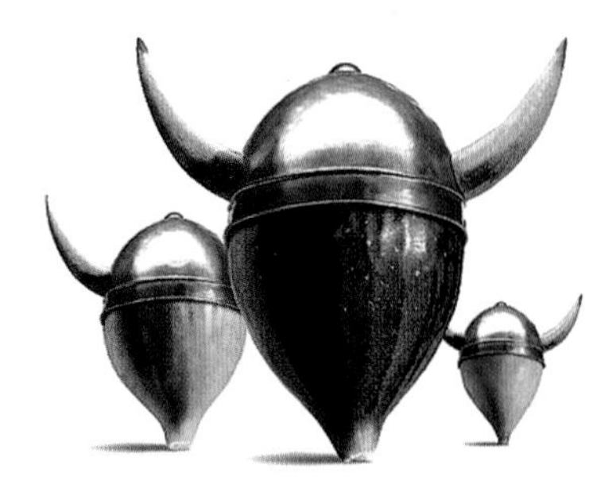

图 2-12　此包装造型奇特，迎合消费者的求异心理。

总之，包装设计定位就是解决“谁卖什么东西给谁”这一问题。在这里需要指出的是，包装设计定位可以从多个角度入手，但是在表现上不能同等对待，要突出重点。比如，以产品或消费者定位，在表现时或以产品为主，消费者为辅；或以消费者为主，产品为辅，两者不能同等对待。包装设计定位准确与否决定包装设计的成败，一定要谨慎处理。

*　　*　　*

本章小结：包装设计流程主要包括调查分析、构思、定位、草图、三视图、效果图、模型。包装设计构思主要应从四方面入手，即设计主题、设计角度、设计表现手法、设计表现形式。包装设计定位主要从三方面入手：品牌、消费者、产品。

习题：

1. 包装设计的程序？
2. 包装设计定位的含义是什么？
3. 从多个层面分析某一成功包装设计的案例。

第三章 包装设计的平面设计要素

包装的平面设计是指通过印刷及其他加工工艺手段对包装造型的外表加以视觉信息的设计和装饰，从而达到商品在销售的过程中传达商品信息以及促销宣传的作用。

包装的平面设计要素主要由图形设计、色彩设计、文字设计和版式编排设计等组成。包装设计运用艺术的审美手法，将图形、色彩、文字结合版式编排，设计出适合销售、具有一定审美水准的包装，因此有必要对其构成要素进行详细的了解。

第一节 包装图形设计

图形——Graphic，源于拉丁文“Graphics”和希腊文“Garpikes”。指用图像形式进行视觉信息传播之意，人类早期的洞穴岩画、壁画、面具和象形文字可以说是最早的图形，它们往往具有避邪、记录生活之意，或者与宗教祭奠活动有关，他们试图通过图形寄托原始的狩猎尚武和朦胧的理想，其图腾色彩显而易见。现代商品经济的繁荣与发展，决定了包装设计中的图形承载着多重含义。

图形是超越国度、民族之间语言障碍的世界性通用语言，图形在商品包装设计中是信息的主要载体，在现代包装设计中，图形不仅要具有相对完整的视觉语义和思想内涵，还必须推敲形式美的规律，结合构成、图案、绘画、摄影等相关的表现手法，通过计算机图形软件处理使其符号化，并具有丰富的可视性、易识别记忆等特点。包装设计中的图形设计，利用了图形在视觉传达方面所具有的直观、有效、生动的特点以及丰富的视觉表现力，把商品的相关信息传达给消费者，使商品形象具有个性和审美感染力，从而吸引消费者的注意，引起购买欲望。在产品包装设计中，图形要素是必不可少的部分，图形比文字语言传达更为直接、明晰，而且不受语言障碍的限制。图形隐含的形象较为单纯，相对于文字而言更容易记忆。

图 3-1　封闭式包装，用产品真实的图片展示吸引消费者。

一、包装图形分类

1. 产品实物形象图形

在包装上展现产品的形象是包装图形设计中最常用的表现手法，以写实的手段表现产品的真实面貌或使用产品时的真实情节，让读者获得真实的感受，引起心理上的共鸣，促使他们采取购买行动。一般采用摄影或写实插画的艺术表现形式，对产品进行真实的、美的视觉表现，使消费者能从包装上直接了解产品的外形、色彩、材质等（图 3-1）。为了突出商品的个性，可以通过特写的表现手法，对商品的局部进行放大展示，运用特写的手法表现商品的诱人之处，给消费者带来强烈的视觉冲击力（图 3-2）。此外为了取得消费者的信任，让消费者能直接看到真实的商品，在包装上采用"开天窗"是常用的设计手法之一，这是一种特殊的有效的产品实物形象表现方式（图 3-3）。

图 3-2　橙子皮表面纹理的放大，唤起人们对其纯正口味的想象。

2. 原材料成分图形

有些通过加工成型后的商品，单从外表看是看不出其原材料的，比如豆奶粉、什锦罐头等，在包装上通过展示原材料形象的表现方法，有助于消费者更深入地了解产品的特色，也有助于突出商品的个性形象（图 3-4）。

图 3-3　立顿水果茶针对圣诞节包装，采用开天窗式，让消费者一目了然。

3. 商品成品形象

有些商品成品形象与实际使用中的形状或形态是有所不同的，在包装上展示商品成品形象，一方面有助于消费者了解商品的特性，另外也可以起到美化画面、促进销售的作用。例如，方便面的包装图形中，展现的是已经煮熟的方便面的形象，给人的视觉感受一定是色香味俱全，如果采用真实的面饼做平面图形，尽管真实，可是不一定能吸引消费者的眼光（图 3-5）。

图 3-4　果汁包装，突出不同的口味，消费者可根据自己的爱好选择不同的口味。

4. 产地特征图形

每个国家、每个城市、每个民族都有自己的特色性产品，产地也成为这些产品质量的象征和保证，这种产地属性让商品拥有了"贵族的血统"。例如法国的香水、红酒，古巴的雪茄，瑞士的钟表，比利时的巧克力等，往往都会将

图 3-5 由于图片传达出来的美食信息，看到包装就有一种想吃的冲动。

图 3-6 具有浓郁的东方特色的日本包装设计，能够感受到设计师对本民族文化的研究和弘扬。

本国的标志性建筑或风景移植到包装上。许多的旅游商品，都无一例外地在包装上展示当地的风土人情和美丽的风景，也使包装具有浓郁的地方色彩和鲜明的视觉特征(图 3-6)。

5. 示意图形

根据商品使用上的特点，在包装上展示商品的使用对象、方法、过程，有助于消费者准确使用产品，更有助于突出产品的特色(图 3-7)。

图 3-7 图片十分明确地表述了病理药理。

6. 象征图形

运用与商品内包装物品完全没有关系的形象，用比喻、借喻、象征等表现手法来突出商品的特点，虽然没有直接地传达意念，但有时却强于具象图形的表达(图 3-8)。

7. 标志图形

标志，是商业活动和有序行为的产物，它是一种由特殊文字或图形组成的大众传播的视觉符号，以象征性的语言和特定的造型、图形来传达信息，表达某种特定的含义和事物的视觉语言。标志是商品包装在流通和销售过程中身份的象征，是信誉和质量的保证。在认牌购物的消费心理越来越明显的今天，突出品牌标志形象尤显重要。中央电视台曾播出过一个广告“生活没有品牌会变得怎样?”，就凸显了品牌的魅力。

标志图形一般包括以下几个方面：

(1) 商标。商标是一个法律名称，指“企业、事业单位和个体工商业者为区别其生产、制造、加工和经销某一商品或服务的质量、规格和特征所使用的标志”。在商品竞

图 3-8 印有让人感到温馨、感动的生活场景，隐喻并象征内装食品的特点。

图 3－9　可口可乐流畅的标志形象深入人心。

争中，商标是商品形象的主要代表，它象征企业的精神与面貌，起着保护企业信誉，维护消费者利益，同时宣传美化产品的作用。经过注册的商标都受到相关法规的保护(图 3－9)。

(2) 企业标志。企业标志代表企业形象，和商标一样具有识别功能，通过注册得到保护。一般情况下，企业标志应放在醒目的位置，以利于宣传(图 3－10)。

(3) 质量认证标志和行业符号。产品质量认证标志是认证机构为证明产品符合认证标准和技术要求而设计、发布的一种专用质量标志。有些商品包装上会同时出现几种认证标志，比如：CE 认证(Conformity Europeans)：代表这件产品安全、卫生、环保和消费者保护等一系列欧洲指令所要表达的要求；CCC 产品认证(China Compulsory Certification)：3C 认证，意思是“中国强制认证”，它并不是质量标志，而只是一种最基础的安全认证；CQC 认证：中国质量认证中心(CQC)认证为安全的、符合国家规定的质量标准。此外有绿色食品标志、绿色环保标志、有机食品标志、无公害农产品标志、回收标志等，这些标志图形一般要放在包装次要展示面的位置。

随着我国对外贸易的发展，进口家用电器的品牌、品种越来越多，产品的质量认证标志也因生产地与品牌的不同而有所不同。作为消费者，有必要正确识别各国的质量认证标志图(图 3－11)。

图 3－10　茅台酒包装将企业标志放在主要展示面上，让消费者一目了然。

国家 Country	认可标志 Mark	国家 Country	认可标志 Mark
中国 China	CCC CQC CB	法国 France	NF
欧洲 Europe	CE En/en	荷兰 Holland	KEMA EUR
德国 Germany	VDE GS	瑞士 Switerland	S
美国 USA	UL FC ETL	奥地利 Austria	ÖVE
日本 Japan	PS E PS E	意大利 Italy	
加拿大 Canada	SA	俄罗斯 Russia	PCT
巴西 Brasil	UC	澳洲 Austrian	
挪威 Norway	N	韩国 Korea	MIC
丹麦 Denmark	D	新加坡 Singapore	SAFETY MARK
芬兰 Finland	FI	以色列 Israel	
瑞典 Sweden	S	南非 South Africa	SABS
英国 England		阿根廷 Argentina	
比利时 Belgium	CEBDC		

图 3－11　各国质量认证标志图形

在产品包装设计中，经常使用一些特殊的符号标志，特别是在外包装盒上，目的是为了让有关人员按图示标志要求操作，保证有效安全地运输、储存、装卸商品。比如易碎、防潮、防湿、防雨淋、防日晒、小心轻放、向上等标志。这些标志符号是通用的(图 3－12、图 3－13)。

图 3－12　包装通用符号标志

图 3－13　回收标志图形

8. 装饰形象

包装对装饰图形的利用也很广泛，其中包括对传统纹样的借用。对于一些传统性很强的商品、土特产品、文化性较强的产品，利用具有传统特色和民族风格的装饰图形、纹样作为主要的图形表现元素，能有效突出商品的文化特征和民族地域特征。比如在瓷器、白酒、茶、月饼的包装上就经常运用这种表现手法(图 3－14)。对于现代感十足的商品包装，则利用抽象图形来增强包装的现代感和时尚气息。设计中要注意不宜滥用装饰纹样，应配合内容物的属性、特色、档次适当运用。

图 3－14　月饼礼盒包装中大面积应用中国传统纹样，高贵、华丽。包装造型酷似一轮满月，和中秋月圆相呼应。

9. 商品包装条形码

条形码是一种利用光电扫描识读并实现数据输入计算机的特殊代码，由一组宽度不同，黑白(或彩色)相间的条与空格按特定的格式组合起来的符号，它可以代表任何文字数字信息，是一种为产、供、销信息更换所提供的共同语言。条形码是一种比较特殊的图形，它要通过条码阅读设备来识别，一般被放置在包装主要展示面的右侧，以利于条码阅读设备阅读(图 3－15)。

应用在商品上的条形码基本上分为两个类型：一是原印条码，它是指商品在生产阶段已印在包装上的商品条形码，适合于批量生产的产品，它包括标准码和缩短码两种；二是店内条码，它是一种专供商店内印贴的条形码，只能在店内使用，不能对外流通。

商品条形码的标准尺寸是 37.29 mm×26.26 mm，放大倍率是 0.8～2.0。当印刷面积允许时，应选择 1.0 倍率以上的条形码，以满足识读要求。

二、包装图形的表现形式

图形的表现形式和手法多种多样，设计者的表现语言、设计工具和表现技法不同，产生的视觉效果就会完全不同。按照表现形式的不同，图形设计元素可分为三类。

1. 具象图形

具象图形是指利用摄影、插画等表现手法，把自然物、人造物等生活中的具象的直观元素形象用写实性、描绘性或感情性的手法来创作表现出来的图形。它最能具体地说明包装内装物，并且能强调产品的真实感。

图 3－15　条形码放在包装的次要展示面。

图 3-16 品客薯片采用摄影手法表现,准确传达出商品的属性特点。

(1) 摄影图片:摄影图片能真实地表达产品形象,色彩层次丰富,在产品包装上是运用最多、最广,也是最直接的表现手法。摄影图形除写实表现外,还可以采用多种特殊处理形成多种图形效果(图 3-16)。

(2) 商业插画:包装插画设计由于画面单纯,视觉清晰,容易识别,打破了语言和国界的限定,所以成为了包装形象创造的重要组成部分,它通过对产品内容意象化和情感化的处理,对产品形象进行了深层次的视觉化加工。商业插画融入了个人的感情成分,将产品主题生活化,更加有利于人们对产品的理解和接受,不但可以直观地表现产品的质量,还可以间接体现企业所要传达的一种思想内涵。从某种意义上讲,在现代包装设计中,插画的准确定位与使用,已经开始主导着商品的成败(图3-17)。

(3) 归纳简化图形:指在写实的基础上概括处理生活中的具象图形,归纳特征、简化层次,使对象得到更为简洁、清晰的表现。在表现方法上,点、线、面的变化可以形成多种表现效果(图 3-18)。

(4) 夸张变化图形:这是在归纳、简化基础上的变化处理。即不但有所概括,还强调变形,使表现对象达到生动、幽默的艺术效果(图 3-19)。

2. 抽象图形

抽象图形是指用点、线、面的形式法则进行理性归纳、

图 3-17 用水墨画的艺术表现形式作为图形表现元素,使包装变得有艺术感染力(李双喜设计)。

图 3-18 以归纳简化的手法表现咖啡,传达出质朴的艺术气息。

图 3-19　自然糖果公司以动物夸张愉悦的表情来体现糖果的美味，卡通可爱的表情，绚丽的色彩，以及字的形态排列，都彰显出童趣。

规划、或自由构成设计而得到的非具象图形，抽象图形是冷静的、理性的，抽象图形在包装设计中被大量运用，通过几何形和色彩随意穿插、组合，产生井然有序的层次，给人以强烈的视觉冲击力和诱人的审美效果，以简练鲜明的艺术语言暗示出商品的内容以及商品的属性(图3-20)。抽象图形在包装图形画面中有着广阔的表现余地和独特的表现力，它虽然不像写实的商业摄影那样具有直接的含义，但是同样可以传达一定的信息，抽象图形能以其含蓄而富有意趣的效果，产生与商品吻合的象征感觉，使消费者对其产生合乎逻辑的联想，成功反映商品的内涵，达成包装的促销机能。

在包装设计中，图形抽象的语言给人以含蓄之美，意义深远。这种美在似与不似之间，含不尽之意于言外，不单是为了衬托或装饰，而是能够深化到意义层面，暗示与

图 3-20　清新简洁的抽象图形准确传达了个人护理用品的品质。

图 3－21　2010 pentawards 饮料类银奖作品——葡萄酒包装。设计者突破传统表现手法，以线为基本表现元素，构成律动感很强的抽象图形，具有很强的视觉冲击力和表现力。

渲染情绪，因此抽象图形对于传达信息和情感的视觉设计来说无疑是语言表现力不能比拟的一种形式。

抽象图形由于在表现手法上具有形式自由、多样、肌理丰富、时代感强等特点，以新的色彩、新的图形语汇、新的构成法则给消费者更多自由联想的空间，在时尚性产品包装中应用广泛。抽象图形设计从手法上可以分为以下几类：

（1）人为抽象图形。是指设计师通过点、线、面等造型元素，进行组织、编排设计，创造出视觉上有个性的秩序美感，可以表达不同性格和内涵，运用手法有：节奏、韵律、渐变、变异、对称、统一对比、疏密、均衡等形式美法则。运用这种表现手法使图形兼具符号和图形的双重特征。图 3－21 为 2010 pentawards 饮料类银奖作品葡萄酒的包装，设计师突破以往用具象图形诸如甜美的葡萄等形象做设计元素的表现手法，而是以线为表现元素，给消费者带来全新的视觉享受。

（2）偶发抽象。“偶发”是相对“人为”而言的，是指设计师在创作过程中偶然产生的图形，因为具有偶然性，因此给人的感觉是轻松、自由的，并且具有较强的人情味。偶发图形具有感性和灵活多变的视觉效果，有多种表现手法，比如：喷洒法、晕染法、撇丝法、重叠法、剪贴法、阻染法、拓印法、磨擦法、流彩法、刮割法、折皱法等。这种天人合一的手法，给消费者以自然、神秘的感觉（图 3－22）。

（3）电脑特技图形。电脑在现代包装设计中已经成为必不可少的辅助设计手段，它可以提高设计效率，使以前的手绘操作变得简单，使以前的完稿工作变得简便、标准。设计师运用电脑辅助设计，通过各种设计软件，可以轻松、高效地做出各种各样的特技效果，得到千变万化的抽象图形，为包装设计提供了丰富的素材（图 3－23）。但同时这种高效率的、充满令人迷惑的表现性也会使设计师过于热衷于各种绚丽多姿的效果，而忽略了包装图形的功能性和目的性。我们在商场看到各种金光闪闪、光芒四射的各种包装时，可能在观看的一瞬会感觉很美，效果很炫，可是仔细品味时会发现这缤纷的效果与内装物似乎没有什么关系。因此在运用这种电脑特技图形时，设计师要把握原则，不要让人变成电脑的奴隶。

图 3－22　橄榄油的瓶签采用手撕偶发效果传达出与众不同的品质感。

3. 装饰图形

装饰图形是人类对自然形态或物体进行主观性的概括、描绘，它强调平面化、简洁化和装饰性。装饰图形根据形式美法则进行创作设计，对形态进行归纳、简化、夸张，并运用重复、图底翻转、对比穿插等造型规律，来强调事物的主要特征。我国装饰纹样有着几千年的发展历史，积淀了大量的精美装饰纹样，比如：万字纹、回纹、如意纹、祥云云纹、龙纹、凤纹、虎纹、剪纸纹样等。中国和世界各民族国家在长期的文明发展过程中都创造了大量丰富多彩的、具有强烈民族气息与特色的图形纹样，在包装设计中运用传统及民族图案，可以增强包装的装饰美感，彰显民族特色和文化气氛(图 3-24)。但是在应用这些图案的时候应该注意把握“度”的问题，否则会起到“过犹不及”的反作用。同时还要注意在运用装饰图形的时候，一定要结合现代设计观念，在继承的同时也要创新，从传统装饰图形中提取元素，对其进行取舍、提炼、重组，形成新的图形(图 3-25、图 3-26)。

图 3-23　运用电脑特效制作的包装平面图形具有十分生动的画面效果。

图 3-24　月饼的包装整体以金色为主，加以装饰图案修饰。从包装可体会到浓浓的秋意，同时也品味到月饼的香醇。

图 3-25　个人护理用品包装运用花卉的装饰图形，自然、清新、典雅，花香的芬芳似乎扑鼻而入。

图 3-26 采用传统装饰纹样设计的糖果包装。

三、包装图形设计要点

1. 注意信息的准确性

图形作为包装平面要素中的主要表现元素，目的是真实而准确地传达商品的信息。在处理中必须注意主要特征，注意关键部位的细节。设计师只有抓住商品的典型特征，才能准确传达商品信息。否则差之毫厘，谬以千里。信息的准确性对于商品来说就是“表里如一”，包装图形形象要与内装物形象一致，并能准确传达商品的特征、品质以及品牌形象等信息；对于消费者而言准确性则表现为一种亲和力，包装图形能和消费者产生共鸣，从而引起其对商品的兴趣和购买欲望。

2. 注意体现视觉个性

在现代商品包装中，包装承载了商业促销的功能，设计时不仅要注意准确传达商品信息，还必须具有鲜明、独特、崭新的独特个性形象，才能在吸引消费者方面取得先机。所谓独特，并不在于简单或复杂。简单的可能是独特的，也可能是平淡的；复杂的可能是新颖的，也可能是陈旧的。要做到简洁而有变化，复杂而不繁琐；简而生动、丰富，繁而单纯、完美。

3. 注意图形的局限性和适应性

图形传达一定意念，由于文化背景、成长环境不同，各民族、各种族对于同一事物的感受、观点会不尽相同，这也是图形表意的特点，同时也反映了图形语言的局限性。在设计中对不同地区、国家、民族的不同风俗习性应加以注意。同时也要注意适应不同性别、年龄的消费对象。只有这种有针对性的设计才能使消费者产生共鸣，体现出设计对人类历史文化的尊重。

"龙"是中华民族的象征，也是东南亚许多国家喜好的形象，英国人却忌讳龙；传统的仙鹤和孔雀图案在我国象征长寿和美丽，但在法国则是淫妇的代名词；法国人把百合花作为国花，忌用核桃花，认为核桃是不祥之物，也视菊花为不吉利的征兆和不忠诚的象征，我国佛教图案中的符号"卍"，则不能使用在对欧洲出口的商品包装上，按德国的有关规定，禁止所有商品上使用类似或近似纳粹标志("卐")的符号；日本人对饰狐狸和獾图案的物品较为反感，还忌用荷花；日本人把菊花视为皇家的象征，而拉丁美洲国家则将菊花视为妖花；非洲北部的大多数国家和地区忌用狗作为商标图案；一些使用英语的国家，居民认为大象大而无用，因担心消费者不欢迎，这些国家的代销商不敢购进中国"白象牌"电池。

这些特殊的民俗文化习惯和民族文化心理的差异性，要求我们在进行包装设计时不可随心所欲，应避其所忌，并遵守相关国家和地区的有关规定，否则会使商品销售遇到麻烦，带来不必要的损失。例如在 1994 年世界杯足球赛前夕，可口可乐公司为了促销，在其销售的易拉罐包装上加印了参赛的 24 个比赛国的国旗图案，但受到沙特国家消费者的抗议，因为由绿白颜色组成的沙特国旗有特别的含义，当地的消费者认为把国旗印在易拉罐上，是对他们信仰的亵渎，在这种情况下，可口可乐公司不得不减少此种包装的产量。

第二节　包装色彩设计

根据心理学测试的结果，进入人类大脑的信息有 85％来自眼睛，10％来自耳朵，其余 5％来自其他器官。在眼睛所接收到的信息中，色彩是首要的信息元素。消费者接触产品包装时，首先注意到的是包装的整体色彩。可见色彩在整个包装设计中具有举足轻重的作用。另有心理学研究表明：人的视觉感官在观察物体的最初 20 秒内，色彩感觉占 80％，形体感觉占 20％，两分钟后色彩感觉占 60％，形体占 40％，五分钟后各占一半，并且这种状态将继续保持，可见色彩给人的印象是多么迅速、深刻、持久。

色彩在包装设计中是最活跃、最敏感的视觉要素之一。色彩有较强的视觉冲击力，同时又容易引起人们的心理和情感反映。一件包装设计作品的成败，在很大程度上取决于色彩运用的优劣。巧妙地运用色彩，能够使包装具有良好的视觉冲击效果，并产生吸引力。作为设计师，一定要对色彩的科学性、功能性及色彩的心理效应、视觉表现力及色彩的原则等作深入的学习与研究，对色彩的基本属性和构成要素深入了解。

一、色彩常识

1666 年，英国物理学家牛顿做了一个非常著名的实验。他把太阳的光引进暗室，使其通过三棱镜再投射到白色屏幕上，结果光线被分解成红、橙、黄、绿、青、蓝、紫的彩带。这种色光再通过三棱镜就不能再分解了。牛顿据此推论：太阳白光是由这七种颜色的光混合而成的。19 世纪初，英国学者托马斯·杨(Thomas Yang)创立了光波动说，从而建立了现代三原色法的基础。

1. 三原色

原色是指色彩的基本色。原色可分为两类，一类是指不能由其他色光混合的“光的三原色”(RGB)：红(Red)、绿(Green)、蓝(Blue)；另一类是能用以调和出各种颜色的“印刷三原色”(CMY)：青(Cyan)、品红(Magenta)、黄(Yellow)。(图 3-27)

将光的三种色光混合，可以得出白色光。如霓虹灯，它所发出的光本身带有颜色，能直接刺激人的视觉神经而让人感觉到色彩，我们在电视荧光屏和电脑显示器上看到的色彩，均是由 RGB 组成。此三色中的任何一色都不能由另外两种原色混合而成。理论上，用这三种色光以适当

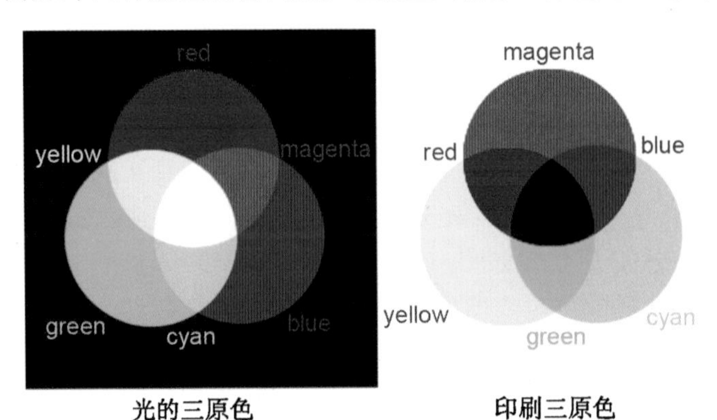

图 3-27 光的三原色与印刷三原色。

比例相混可产生任何色光。而将印刷三色相混，会得出黑色。我们看到印刷的颜色，实际上都是看到的纸张反射的光线，它要靠光线照射，再反射出部分光线去刺激视觉，使人产生颜色的感觉。CMY 三色混合，虽然可以得到黑色，但这种黑色并不是纯黑，所以印刷时要另加黑色(Black)，四色一起进行。

2. 色彩的基本属性

有彩色系的色彩都具有三个基本属性，即色彩的色相、明度和纯度。熟悉和掌握色彩的三特征，对于认识色彩和表现色彩是极为重要的。

(1) 色相。色相(Hue)是指色彩的相貌，是人们为了区别不同色彩种类给色彩所取的名称，指不同波长的光给人的不同色彩感受。色相的范围相当广泛，牛顿光谱色中就有红、橙、黄、绿、青、蓝、紫七个基本色相，它们之间的差别就是属于色相差别，是色彩最突出的特征。

(2) 明度。色彩的明度(Value)指色彩的明暗程度，或者说是色彩中的黑、白、灰程度。明度是由色光光源光或色料反射光的振幅强度所决定的。而无彩色除了黑白之外，又可以从黑白混合之间产生明亮度不同的灰色阶，明度以白色为最高极限，以黑色为最低极限。

(3) 纯度。纯度(Chrome)是指色彩的鲜艳或纯净程度，它代表了某一色彩所含该种色素成分的多少或所含色成分的比例，一般所含色成分数越多，比例越大，其纯度越高，相反则纯度就越低。可以说纯度表示色彩含灰量的多少，含灰量多，纯度低；含灰量少，纯度高。

二、色彩的感受

当色彩呈现在人们面前时，总能诱发人们的心理活动，会产生冷暖、轻重、软硬、素艳等知觉感受，色彩的感受，是人的生物特性社会化的一种表现形式，是物理、生理、心理及色彩本身综合因素所决定的。人们把这些特征归到色彩心理特征的范畴——色彩的知觉。

1. 色彩的冷与暖

对于颜色的知觉印象，有冷暖两种色系。在色相环中的红及靠近红的邻近色感觉偏暖，这个区域称暖色系，这些色彩称暖色，它们有兴奋感和热情感；色相环中的蓝色及靠蓝的邻近色感觉偏冷，这个区域称冷色系，这些色彩

图 3 - 28　2008 年 Pentawards 包装设计奖——铜奖 Bonaqua 品牌水，蓝色带给消费者清凉的感官享受。

称冷色，既有清冷感又有平静感。色彩的冷暖是色彩感受中最重要和最基本的知觉之一，是色彩三要素（色相、明度、纯度）之外色彩的又一重要属性。

现实中我们判断冷暖色，是依据心理错觉对色彩的知觉分类。心理学家对此曾经做过许多实验，他们发现：在红色的环境中，人的脉搏会加快，血压有所升高，情绪兴奋冲动；而在蓝色环境中，脉搏会减缓，情绪也较沉静。除了心理因素之外，还有人的联想作用，当人们看到红色时，必然与火、太阳等高热度的事物产生联系；而当看到蓝色时，便会与水、冰等产生关联。在包装设计中，合理安排色彩的冷暖关系能有效突出商品的属性和特色，视觉效果也会更加醒目。如在饮料包装中通常采用冷色系表现，突出清凉的感觉（图 3 - 28）；而在礼品包装中通常用暖色系表达，突出温馨的气氛（图 3 - 29）。

2. 色彩的轻与重

色彩还能引起轻重的心理错觉。色彩的轻重感与色相、明度、纯度、冷暖等相关联，而且主要取决于色彩的明度——明度越高，感觉越轻；明度越低，感觉越重。色相方面，暖色偏轻，有稀薄松软的感觉；冷色偏重，有密实沉重的感觉。综合来看，明度低的色彩、纯度极高或极低的色彩和色相偏冷的色彩，给人以重的感觉；相反，明度较高的色彩、纯度居中的色彩和色相偏暖的色彩，给人的感觉是较轻的（图 3 - 30）。

图 3 - 29　浓艳的红色表达了中秋节家人团圆的热闹场景和喜庆色彩。

图 3-30　英国 BELVOIR 果汁饮料包装。

3. 色彩的软与硬

在色彩的感觉中，也有柔软和坚硬两种不同质地的感觉。色彩的柔软与坚硬主要与色彩的明度、纯度、色相和冷暖有关。淡而明亮的色彩会给人一种柔软、安静的感觉；重而暗淡的色彩会让人有强硬、厚重的感觉。明度不高不低且对比度具有皮毛、棉线感，属于柔软色。明度极高和极低且对比强烈的色彩、纯度极高的色彩和色相偏冷的色彩，具有金属感，属于感觉坚硬的色彩。在化妆品包装设计中充分利用了男性喜欢庄重、有力、浑厚的硬色彩，如深蓝色、黑色、深绿色、褐红色，以此体现男性的"刚毅之美"(图 3-31)。而女性则喜爱轻松、淡雅、柔和的软色彩，如粉红、淡紫、淡绿，由此来展现女性的"温柔之美"(图 3-32)。

图 3-31　2008 pentawards 银奖包装作品——男性个人护理用品用深蓝色传达男性的阳刚与稳健。

4. 色彩的素与艳

在色彩感觉中，还有素与艳两种感觉。素色给人以朴素清淡的感受，艳色给人以华丽气派的感觉。这两种感觉以纯度因素为主，其次是明度，也与色相有着密切的关系。素色多为混色，色彩的饱和度低，稳定性较强，它没有强烈的刺激感，比较容易协调；艳色多为纯色，色彩的饱和度高，不稳定感较突出，有强烈的刺激感。在包装设计时，应

图 3-32　Thymes 品牌尤加利系列女性护理用品延续一贯的视觉风格，清新自然，辅助图形设计得很漂亮。

图 3-33 牛奶包装采用统一的灰色调，以素描方式表现，表达了牛奶的纯朴和历史感。

根据商品的特性、档次来决定色彩的华丽或素雅，在传统商品的包装中可以运用较稳重的灰色或淡雅的色彩来体现具有浓郁乡土气息的纯朴感和悠久的历史感(图 3-33)。

许多心理学家的研究已证实，低纯度、弱明度和光波复杂的色相令人感觉素雅，而高纯度、强明度和波长长的色相可以引起大脑神经兴奋。朴实的素色，多数为醇厚无华、色彩较灰浊的低纯度颜色，以纯度为零的灰色最为典型；华丽的艳色，主要是纯度高、鲜艳、亮丽、色调活泼、强烈的颜色。除了纯度之外，素色多指明度较灰暗、对比较弱、色相偏冷又暧昧的色彩；而艳色则指明度较高且反差较大的颜色、色相偏暖且强烈对比的颜色。

5. 色彩的膨胀与收缩

比较两个颜色一黑一白而体积相等的正方形(图 3-34)，可以发现有趣的现象，即大小相等的正方形，由于各自的表面色彩相异，能够赋予人不同的面积感觉。白色正方形似乎较黑色正方形的面积大。这种因心理因素导致的物体表面面积大于实际面积的现象称为“色彩的膨胀性”，反之称为“色彩的收缩性”。给人一种膨胀或收缩感觉的色彩分别称“膨胀色”和“收缩色”。色彩的胀缩与色调密切相关，暖色属膨胀色，冷色属收缩色。在商业包装设计中，如果要强调商品的分量时，其包装设计上可采用暖色系营造膨胀的感觉，比如薯片常以暖色包装夸张，强化其分量感(图 3-35)。而在一些如珠宝、钻石等名贵商品的包装设计上，则往往采用冷色系——如蓝色、紫色，以彰显其高贵、神秘的品质。

图 3－34　很明显，白色的框看上去面积比黑色的面积大。

图 3－35　煎饼包装采用红色调包装，内装物给人的感觉是很“多”的心理感受（福州麦斯设计）。

6. 色彩的味觉感

生活中，色彩本身已经被赋予了各种各样的特定味觉信息，人们根据味觉与色彩关系的经验，往往会作出这样的判断：黄绿色、绿色会联想到柠檬这样酸味的水果，因此给人酸味感；乳黄色、粉红色、橘红色让人联想到甜美的糖果、甘甜的橙子等，往往给人以甜味感；茶色、暗绿色、黑色能让人联想到茶、咖啡等，给人以苦味感；红色则给人以辣味感。在食品包装上，商品包装的色彩会对人的生理、心理产生刺激作用。古人讲的“望梅止渴”，就是因为人看到了画中梅子鲜艳欲滴的颜色，使人心理上向往，生理上便产生了反应。在食品包装上，使用色彩鲜艳，调子明快的粉红、橙黄、橘红等颜色可以强调食品的香、甜、粉的嗅觉、味觉和口感（图 3－36）。薯片、饮料等食品，多用金色、红色、咖啡色等暖色，给人以新鲜美味、营养丰富的感觉（图 3－37）。茶叶包装用绿色，给人清新、健康的感觉（图 3－38）。烟酒类食品常用典雅古朴的色调，给人在生理上产生味美醇正的感觉，在心理上产生表明它有悠久历史的名牌感受（图 3－39）。正是这些商品包装的色彩符合了消费者的生理、心理特点，才使消费者迅速地作出购买决定，这样便加快了企业商品的销售。

图 3－36　巧克力的包装色彩用粉色，给人以甜甜的感觉。

图 3－37　饮料包装，不同的色彩直观表达了内装饮料的不同口味。

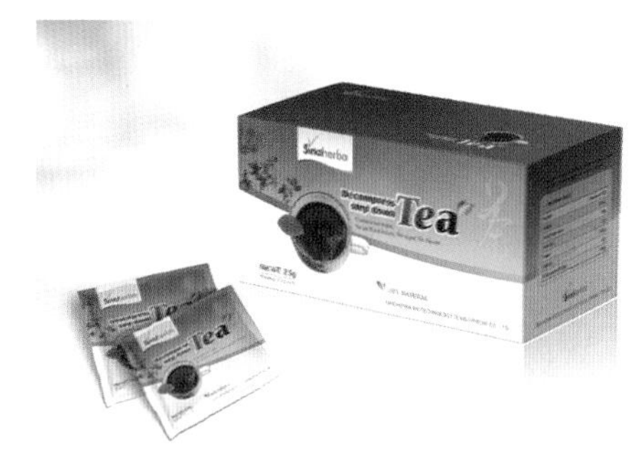

图 3－38　北京西林设计的茶包装

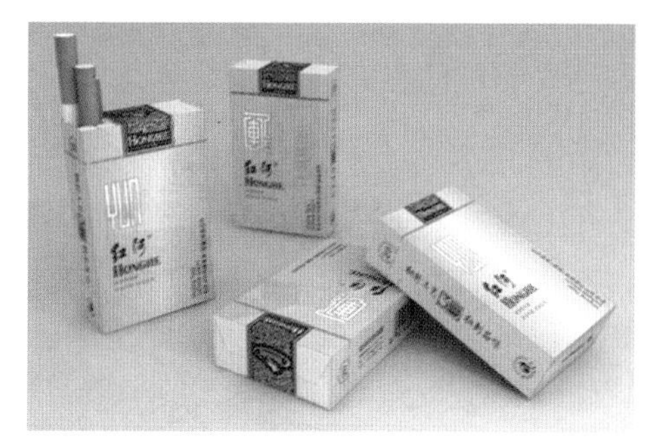

图 3－39　张群波设计的香烟包装

三、色彩的联想

色彩的联想是指消费者常常把眼前看到的色彩跟以往的各种经历联系起来,如受到某种色彩的刺激会想起有关的事物。随着色彩联想的社会化,色彩逐渐具有了某种特定的含义,消费者联想的内容也变得更加具体。这种联想有具体联想和抽象联想之分。如红色,可具体联想为血、火、太阳的色彩,而它又是象征着热情、奔放、喜庆、活力等情感,也就是色彩的抽象联想。色彩的联想是人的主观感受赋予抽象的色彩以意义,它是靠人们对过去的经验、记忆或知识而得到的。

1. 红色的联想

具象的:太阳、火、血、苹果、红旗、口红、肉、流血。

抽象的:温暖、热烈、饱满、甘美、成熟、革命、战争、扩张、斗争、危险。

情绪的:紧张、愤怒、恐怖、热爱、热情。

红色是一种浓厚而不透明的色彩,红色在我国民间特别的受人欢迎,是节日庆典、操办喜事的主色调。它代表着吉祥、喜气、热烈、奔放、激情、斗志,给人以热情、欢乐的感觉。常用来表现火热、生命、危险等信息。

2. 黄色的联想

具象的:腊梅、迎春、水仙、菊花、向日葵、柠檬、香蕉、稻谷。

抽象的:明快、活泼、光明、希望、崇高、华贵、威严、酸涩、浅薄。

情绪的:憧憬、快乐、自豪。

黄色具有高明度、积极、高贵、富丽的视觉特点,给人温暖、轻快的感觉。常用来表现光明、希望、轻快等。

3. 蓝色的联想

具象的:天空、海洋、湖泊、远山、冰雪。

抽象的:严寒、纯洁、透明、深远、科学、智慧、幽灵。

情绪的:冷漠、压抑、忧愁、寂寞。

蓝色是一种积极而有活力的色彩,象征恬静、凉爽、深远,具有博大、沉稳、理智的视觉特征。常用来表现未来、高科技、思维等信息。

4. 绿色的联想

具象的：植物、蔬菜、水果、草、山、宝石。

抽象的：生命、春天、青春、旺盛、健康、休息、和平、自然、永恒、新鲜、理想。

情绪的：平静、冷静、嫉妒、安慰。

绿色是大自然的颜色，象征活力、青春、充实、宁静，有和平感，常用来表现生长、生命、安全等信息。

5. 橙色的联想

具象的：橙子、玉米、南瓜、柿子、胡萝卜、果汁、霞光。

抽象的：华丽、辉煌、向上、充足、积极、迫近、秋天、温暖、跳动。

情绪的：激动、兴奋、喜悦、满足、愉快。

橙色兼有红色和黄色的品性，既热情，又明朗，常用来表现激情、活力、欢快等，橙色是能引起人食欲的色彩，是水果、饮料、食品的常用色。

6. 紫色的联想

具象的：紫葡萄、丁香花、茄子。

抽象的：高贵、优雅、奢华、不详、神秘。

情绪的：痛苦、忧郁、不安、恐怖、失望。

紫色是一种很复杂的颜色，紫色同时能给人高贵和低俗的印象，有神秘感，常用来表现悠久、高贵、冷漠、理智、深奥等信息。

7. 白色的联想

具象的：冰雪、白云、白纸、白兔。

抽象的：明亮、卫生、朴素、轻盈、单薄、纯洁、神圣。

情绪的：凉爽、畅快、哀伤、孤独。

白色象征纯洁、无暇，有悲凉感，常用来表示洁净、寒冷等信息，白色与任何颜色搭配都会保持自己的特性。

8. 黑色的联想

具象的：黑夜、煤、头发、墨。

抽象的：阴森、死亡、污染、阴谋、严肃、沉重、罪恶。

情绪的：恐怖、烦恼、消极、悲痛。

黑色是明度最暗的颜色，象征庄重、孤独、有悲哀感，常用来表示坚硬、重量、工业等信息。

图 3-40 色相对比

图 3-41 三原色对比

图 3-42 间色对比

图 3-43 邻近色对比(2008 pentawards 饮料类银奖作品)。

四、包装设计色彩的对比与调和配色处理

1. 色彩对比

两种不同的色彩放在一起,便产生了对比。色彩对比就是在特定的情况下,色彩与色彩之间的比较。色彩之间只有对比才会产生戏剧感,我们在"接天莲叶无穷碧,映日荷花别样红"的古诗中,看到的便是两组和谐的色彩搭配,带给我们的是美的意境。色彩对比包含了五种类型的对比:色相对比、明度对比、纯度对比、冷暖对比、面积对比。

(1) 色相对比

两种以上色彩组合后,由于色相差别而形成的色彩对比效果称为色相对比。它是色彩对比中最简单的一种对比形式,其对比强弱程度取决于色相之间在色相环上的距离(角度),距离(角度)越小对比越弱,反之则对比越强。在包装设计中,运用色相对比可以增强色相的明确性和鲜艳感,对比强、纯度高的色相效果更显华丽、鲜明,容易使人兴奋、激动,从而加强配色的生动、活泼。例如饮料软包装以绿色为底色衬托出几颗红色的草莓,可使商品鲜艳夺目(图 3-40)。

a. 原色对比:红黄蓝三原色是色环上最极端的三种颜色,表现了最强烈的色相气质,它们之间的对比属于最强的色相对比。如用原色来控制色彩,会使人感到一种极强烈的色彩冲突(图 3-41)。如各国都选用原色来作为国旗的色彩;京剧脸谱也使用强烈的三原色突出人物的特征等。

b. 间色对比:橙色、绿色、紫色为原色相混所得的间色,色相对比略显柔和(图 3-42),自然界中的植物的色彩呈间色为多,如:果实的黄橙色、紫色的花朵、绿与橙、绿与紫这样的对比都是活泼鲜明具天然美的配色。

c. 邻近色相对比:在色环上顺序相邻的基础色相,如红与橙、黄与绿、橙与黄这样的色并置的关系称邻近色相对比。属于色相弱对比范畴。它最大的特征是其明显的统一调和性,在统一中不失对比的变化(图 3-43)。

d. 补色对比:在色环直径两端的色为补色。确定两种颜色是否为互补关系,最好的方法是将它们相混,看是否能产生中性灰色,如达不到就要对色相成分进行调整才能找到准确的补色。一对补色并置在一起,可以使对方的色彩更鲜明。最典型的补色对是红和绿、黄和紫、蓝与橙。黄紫色对由于明暗对比强烈,色彩个性悬殊,是补色中最

突出的一对；蓝橙色对明暗对比居中，冷暖对比最强，活跃而生动；红绿色对，明度接近，冷暖对比居中，因而相互强调的作用非常明显。补色对比的对立性促使对立双方的色相更加鲜明(图 3-44)。

(2) 纯度对比

一个鲜艳的红和一个含灰的红相比较，能感觉出它们在鲜浊上的差异，这种色彩性质上的比较，称为纯度对比。纯度对比可以体现在同一色相不同纯度的对比中，也可体现在不同的色相对比中。纯度对比在包装设计中可以更加突出主题(图 3-45)。

(3) 明度对比

每一种色彩都有自己的明度特征。饱和的黄和紫比较，除去它们的色相不同以外，还会感觉有明暗的差异，这就是色彩的明度对比。男士化妆品包装常常以深色为基调，搭配小面积中明度色，以示庄重(图 3-46)。

(4) 面积对比

指两个或更多色块的相对的多与少、大与小的对比，同样面积的色块，由于色彩纯度、明度、色相的不同，会有大小不同的视觉感受，在设计中，通过面积对比处理，可以有效地解决这种差异性(图 3-47)。

图 3-44 补色对比 就是新鲜啊!

图 3-45 纯度对比

图 3-46 明度对比

图 3-47 色彩面积对比

2. 色彩调和

色彩的调和是指几种色彩相互之间构成的较为和谐的关系，也就是将近似色或类似色组合在一起的色彩感觉。指画面中色彩的秩序关系和量比关系应该在视觉上符合审美的心理要求。色彩的调和是就色彩的对比而言的，没有对比也无所谓调和。在包装色彩设计中，运用对比可以使色彩的个性得到强调，突出设计主题，但是如果一味强调对比会使色彩间失去协调感。因此色彩调和也是一种必不可少的因素。下面从几个方面来论述色彩调和的方法。

(1) 统一调和

当两个或两个以上的色彩对比效果非常尖锐、刺激的时候，将一种颜料混入各色中去增加各色的统一因素，改变色彩的明度、色相、纯度，使强烈刺激的各色逐渐缓和，增加统一的一致性的因素越多调和感越强(图 3－48)。例如，当两色面积相等，而且成为补色时，由于强烈的对比刺激而不和谐，但如果彼此双方都调上灰色，都有了灰色的色素，由于有了统一的因素，从而削弱了对比度，使强烈对比的画面得到缓和，鲜艳的红色和绿色变成了灰红、灰绿，从视觉上得到了调和。

统一调和包括：

a. 混入同一白色调和。

b. 混入同一黑色调和。

c. 混入同一灰色调和。

d. 混入同一原色调和。

e. 混入同一间色、复色调和。

f. 同色相的调和。即是在色相环中 60°。角之内的色彩调和，由于它们组织起来的色彩，色相差别不大，因此非常调和。应当注意的是作同色相的调和，主色与副色的划分不很重要，应重视的是彩度的变化，否则会造成模糊、单调的感觉。

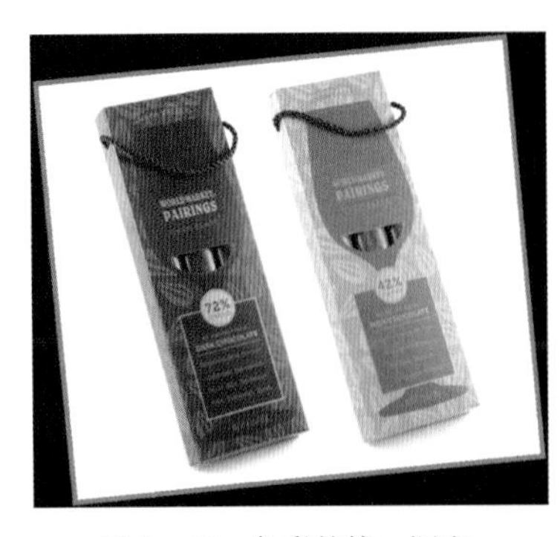

图 3－48　色彩的统一调和

g. 同明度的调和。即在孟塞尔色立体上同一水平上的色彩调和，由于在同一水平上的各色明度相同，统一因素很大，因此一般均能取得含蓄、丰富、高雅的色彩调和效果。如高短调、中短调、低短调等。在配色时应注意的是色相、彩度不应过分接近而引起模糊之感，色相差也不应过大，因色彩对比太强而引起不调和感。

h. 同彩度的调和。包括同高彩度、同中彩度、同低彩度等。同彩度的配色效果一般能取得较好的配色效果，但应注意的是有时同低彩度的配色出现闷、灰、粉气之感，这时应提高某一色或某一色组的色彩彩度，以增加彩度对比。有时同高彩度的配色又出现刺激、不和谐之感，这时又要降低某一个或某一组的色彩彩度，以增加调和感。可以说，彩度的变化是色彩调和的最常用和最重要的方法。

图 3－49　色彩的近似调和

(2) 近似调和

所谓近似，就是差别很小，同一成分很多，双方很接近、很相似。选择性质与程度很接近的色彩组合，或者增加对比色各方的统一性，使色彩间的差别很小，避免与削弱对比感觉，取得或增强色彩调和的基本方法，称近似调和法。调和并非绝对同一，必须保留差别。近似是增强不带尖锐刺激的调和的重要方法(图 3－49)。

在孟塞尔色体系中，凡在色立体上相距只有两三个阶段的色彩组合，不管明度、色相、彩度还是白量、黑量、色量的近似，都能得到调和感很强的近似调和，相距阶段愈少，调和程度愈高。

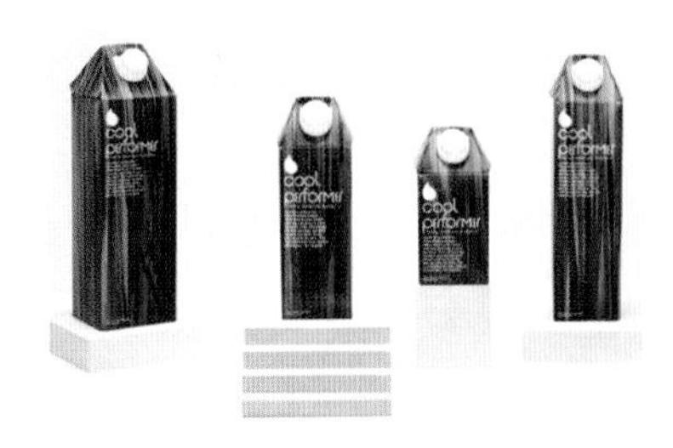

图 3－50　色彩的秩序感

(3) 秩序的调和

把不同明度、色相、彩度的色彩组织起来，形成渐变的、有条理的、或等差的有韵律的画面效果，使原本强烈对比、刺激的色彩关系因此而变得调和。本来杂乱无章的、自由散漫的色彩由此变得有条理、有秩序，从而达到统一调和，这种方法就叫秩序调和(图 3－50)。

秩序调和在生活中也经常体现出来，如雨后的彩虹，它是由赤、橙、黄、绿、青、蓝、紫色彩渐变排列组合而成的，非常美丽，也非常调和。由此可见，“调和等于秩序”是有道理的。美国色彩学家孟塞尔也曾强调并指出“色彩间的关系与秩序”是构成调和的基础。因此在孟氏的色彩体系中，凡是在色立体上作有规律的线条所组合的色彩，都能构成秩序调和。

(4) 面积的调和

面积调和与色彩三属性无关，它不包含色彩本身色素的变化，而是通过面积的增大或减少，来达到调和。如当一对强烈的对比色出现时，双方面积越小，越调和。双方面积悬殊越大，调和感越强。面积的调和是任何色彩设计作品都遇到而且必须考虑的问题，也是色彩调和的一个较为重要的方法(图 3－51)。

图 3－51　色彩面积的调和

(5) 同类调和

同类调和是同类色相中的调和，即在一种单一的色相中求得调和的效果。一般通过明度或纯度的变化来构成画面的适度对比。凡同类色相均能达到调和。

(6) 分割调和

两种对立的色彩之间建立起一个中间地带来缓冲色彩的过度对立。它不改变对比色的任何属性,只是在各种对比色之间建立缓冲区。如把两块对比色用粗白线或粗黑线这种中间色勾出,使两对对比色互不侵犯、平稳和谐,视觉上调整强刺激。

五、包装设计中色彩的应用原则

1. 色彩运用必须新奇独创

没有创造性,就没有鲜明的个性和多样化。在色彩的选择与组合上,必须根据设计主题的要求,创造出具有鲜明个性特点、新奇独创的色彩格调,这样才会给人留下深刻的印象。

2. 概括简洁,以少胜多

设计用色的技巧在于用尽可能少的色彩达到最突出的色彩效果,要求色彩简洁,组合适当。由于包装设计作品在展示上要讲究一定间隔的视觉冲击,用色过多会相互抵消,抓不住消费者的视线,而那些用色少、组合巧妙、简洁的设计作品却能给人以强烈牢固的印象和记忆,能达到以少胜多的视觉效果。

3. 考虑色彩的保护功能

色彩本身有保护功能,有隔光、反光的性能,要根据商品本身特性和保护要求选用色彩。如啤酒瓶用棕色和深绿色,玻璃药瓶也多用棕色来隔光,以延长商品的保存期。

4. 依据企业形象和营销策略

在纷繁复杂的商品经济环境中,每个企业都想扩大自己产品的知名度,并树立起自己企业的良好形象。各类商场货架上的商品包装本身就是宣传自己,树立企业形象的无声广告。美国可口可乐公司的"可口可乐"饮料包装,虽然图案在不断变化,但其包装的主打色红色却一直未变。因为红色是青年人的色彩,是运动的色彩,也是可口可乐公司永葆朝气的象征。广东珠海康奇公司的产品"脑白金",自投放市场以来,一直用蓝色代表着企业的高科技形象。众多的著名企业，在发展的过程中，正是用某一固定的能代表自己形象的色彩，包装着企业的产品，树立起企业的良好形象。企业的良好形象自然地使产品具有了可信度和品质感。

在激烈的市场竞争中，企业好的营销策略大都能起到出奇制胜的效果，企业通常会根据不同的市场营销计划制定不同的营销策略，包装设计中的色彩设计应配合具体的营销策略来设计，这样可以保证营销策略的成功实施。

5. 重视商品形象色的运用

所谓商品形象色是指体现内在商品的色彩，它是人们长期感性的积累，并由感性上升到理性而形成的某种特定的概念，人们见到形象色，就会像见到信号一样迅速明确商品的基本面目。如蛋糕、点心等食品包装多用红、黄等色夸大味觉，突出食品的香酥可口，营养丰富；茶、咖啡、威士忌、啤酒等饮料多用茶色；化妆品中的柠檬香波包装设计成柠檬黄；以黑色或其他深色来表示男性用品，以强调庄重坚实；以各种淡雅的色彩来表示女性用品的高贵典雅。这些利用商品本身的色彩在包装用色上的再现，是最能给人以物类同源的联想，从而对内在物品有了一个基本概念的印象。西药设计中通常使用单纯的冷热色块，用蓝色表示消炎退热，绿色表示止痛，红色表示滋补保健，桔红色表示兴奋，红黑色块表示剧烈的药品。打火机、金笔等精致商品，常用各种灰色调以鲜明的色彩，以突出产品的美观和档次，使人产生信任感。

这些常用的商品形象色，一般是不能违反的，否则会直接影响商品的销售。但是，不同的国家和不同的民族习惯也会有差别。

六、包装设计中色彩应用的禁忌

色彩是包装设计的重要语言和因素，也是设计心理学表现最为突出的方面。色彩的情感心理功能对商品包装设计和消费者的心理和生理健康都非常重要。在漫长的人类发展过程中，色彩往往与人文环境、社会环境、社会习俗、宗教信仰等联系起来，使得色彩在不同的文化背景中形成了民族禁忌与喜好的文化心理的差异性。

绿色在信仰伊斯兰教的国家里是最受欢迎的色彩，象征生命之色。可是绿色在有些西方国家里却含有嫉妒的意思。中东多沙漠地区国家，因很少见到绿色，所以对绿色特别偏爱，几乎所有国家的国旗上都有绿色标记；法国人对灰草绿色的包装商品或纺织物有强烈的厌恶感，由于它会使人联想到纳粹军人的服色。日本忌绿色喜红色；奥地利、土耳其人喜欢绿色；除法国外，比利时、保加利亚人也讨厌绿色。

黄色在中国是“土德之色”、“中和之色”，有“黄者，君之服也”，“玄黄，天地之因”等说，成为我国封建社会中权利的象征；在传统的道教、佛教以及儒家思想中，黄色也是享有最高地位的色彩；然而在西方信奉基督教的社会里，黄色是背叛耶稣的犹大所穿的衣袍颜色，有卑劣可耻之意，因而为人们所禁忌；在巴基斯坦，黄色的使用甚至会带来政治厌恶，因为婆罗门教僧侣们所穿的长袍(礼服)是黄色的；伊斯兰教地区特别讨厌黄色，因为它象征死亡，而喜欢绿色，认为它能祛病除邪；在东南亚和欧洲，视黄色为高贵的王室御用色，代表着神圣和尊严；在美国，黄色也是深受人们喜爱并被广泛运用的颜色；但在日本，黄色却有不成熟之感，象征着遭殃，有趋于死亡之意。所以，在美国行销不衰的“百事可乐”饮料，由于包装商标的主色调是黄色，在日本市场滞销，惨遭失败。

红色为大部分国家所接受，特别是亚洲国家如印度、日本、叙利亚、伊拉克等都比较喜欢红色；我国也把红色作为热烈、喜庆、积极的象征；而美国人用红色代表愤怒，非洲有些国家认为红色表示巫术、魔鬼和死亡。

美国人喜欢鲜艳的色彩，特别偏爱黄色和红色，忌用紫色；巴西人认为紫色代表悲伤，暗茶色有不祥之兆，对此极为反感；法国人视鲜艳色彩为高贵，因此艳丽的色彩备受欢迎；瑞士以黑色为丧服色，而喜欢红、灰、蓝和绿色；荷兰人视橙色为活泼色彩，源于橙色和蓝色代表国家的色彩；丹麦人视红、白、蓝为吉祥色；意大利人视紫色为消极色彩；埃及人以蓝色象征恶魔，喜欢绿色；印度人喜欢红色；蒙古人厌恶黑色。

美国一家公司的牙膏质量上乘，却因包装用的是大块红，配以少量的白色，忽视了日本喜爱的是大片的白，小块的红，正如其国旗的色彩搭配，致使该款牙膏产品在日本吃了闭门羹。我国出口德国的红色鞭炮曾一度滞销，经过调查发现，红色给德国的消费者带来不安全的感觉，后来中方出口企业将鞭炮包装色彩改成灰色，结果销量直线上升。

人们常说红、橙、黄、绿、青、蓝、紫七色，正如同音中的

1—2—3—4—5—6—7 七个音符，能奏出变幻无穷的美妙乐章。只要我们了解了色彩的基本属性，熟悉了商品自身特性，摸准了消费者心理，应用色彩"七音符"，我们就能正确选择包装的色彩，设计出受顾客欢迎的商品包装，从而进一步增强商品的市场竞争力。

第三节　包装文字设计

在产品包装设计中，文字是传达商品信息必不可少的组成部分。包装装潢画面中可以没有图形形象，但不可以没有文字。文字是人类文化的结晶，是沟通人与人之间情感的符号。许多好的包装都十分重视文字的设计，甚至完全由文字变化构成画面，十分鲜明地突出商品品牌及用途等，以其独特的视觉效果吸引消费者。包装的文字是传递商品的信息，表达包装物内容的视觉语言，文字醒目、生动是抓住消费者视觉的重要手段，它往往能起到画龙点睛的作用。

汉字的演变是从象形的图画到线条的符号，适应毛笔书写的笔画以及便于雕刻的印刷字体，它的演进历史为我们进行中文字体设计提供了丰富的灵感。在包装文字设计中，如能充分发挥汉字各种字体的特点及风采，运用巧妙，构思独到，定能设计出精美的作品来。

在中国文字中，各个历史时期所形成的各种字体，有着各自鲜明的艺术特征。如篆书古朴典雅，隶书静中有动，富有装饰性，草书风驰电掣、结构紧凑，楷书工整秀丽，行书易识好写，实用性强，且风格多样，个性各异。

一、包装的文字类型

1. 基本文字

包括牌号、品名、生产厂家及地址名称。牌号、品名是包装的主要文字，一般安排在包装的主要展示面上（图 3 - 52）。这些文字代表的是产品的形象，一般要求精心设计，设计出醒目、富有个性化的文字，以提高文字的艺术效果，也有助于树立产品形象。生产厂家及地址名称可以编排在侧面或背面，这类文字一般选用比较规范的印刷体。

图 3 - 52　雀巢奶粉包装在品牌和商品名称位置用明亮的黄色块衬托，使品牌及商品名称更加的醒目。

2. 功能性说明文字

功能性说明文字是对商品内容做出细致说明的文字，

图 3－53　功能性的说明文字放置在非主要展示面，使用标准的印刷字体，以保证良好的识别性。

包括产品材质成分、容量、型号、规格、产品用途、使用方法、生产日期、保质期、使用与保养方法、注意事项等。

功能性说明文字主要传达了商品的功能，因此文字要采用可读性强的印刷字体，这些文字多编排在包装的侧面或背面，也可以安排在正面，但要注意构图的整体关系（图 3－53）。此外，功能性说明文字需要考虑面积的安排，字体大小的选择，在编排方式上变化不宜过多。也有的商品将更为详细的说明文字另附专页印刷品附于包装的内部。

3. 广告文字

广告文字是用作宣传商品内容物特点的推销性文字，有时可以起到强大的促销作用。这类文字内容应简明扼要、诚实、生动，并遵循相关的行业法规。这类文字设计及编排较自由活泼，一般也安排在主要展示面上，位置多变。但是切忌喧宾夺主，视觉表现力不能强于品牌名称（图 3－54）。广告性文字应根据产品销售策略灵活运用，并不一定是包装上的必要文字。

二、包装设计品牌字体的设计应用

为了使包装形象有个性、醒目，给消费者留下强烈的印象，包装文字设计应以品牌形象为主要设计方向，一般采用在印刷字体的结构特征上进行装饰、变化的方法，并根据表现对象的内容，加强文字的内在含义和表现力，从而使品牌字体风格变化多样，生动活泼，性格鲜明。

1. 包装设计品牌字体设计遵循的原则

（1）突出商品属性

包装文字的设计应和商品内容紧密结合，并根据产品的特性来进行造型变化，使之更典型、生动，突出地传达商品信息，树立商品形象，加强宣传效果。一种有效的字体设计方法是依据商品的属性，选择某种字体作为设计的蓝本，从各种不同的方向揣摩、探索，尽可能地展开各种可能性，并根据产品的特性来进行造型变化，使之与商品紧密结合。如医药用品常采用简洁单纯的字体，体育用品常运用充满活力、具有运动感的字体，历史悠久的传统商品大多选用书法字体传情达意（图 3－55）。

图 3－54　茶饮料包装的左下角"Real"承担着广告宣传的作用。

（2）文字的可读性

文字的基本结构是几千年来经过人们创制、流传、改

图 3－55 用书法体作为平面设计元素来突出茶的历史和文化感。

进而约定俗成的，不能随意改变。因此，文字设计多在笔画上进行变化，字体结构一般不作大的改变，使之能保持良好的识别性。特别是书法体的运用，为避免一般消费者看不懂，应进行调整、改进，使之既能为大众所接受，又不失其艺术风味。例如对大家不太熟悉的篆书、草书的应用，为避免不易看懂，可以进行适当调整、改造，使之既易为大众看懂，又不失“篆书味”或“草书味”。

文字最基本的功能在于在视觉传达中向大众传达作者的意图和各种信息，其最终目的为了阅读，不论对产品包装上的文字做怎样的变化与设计，都必须保证包装文字的可读性和易读性，不能让人们“猜谜语”。要达到这一目的必须考虑文字的整体诉求效果，给人以清楚的视觉印象。因此，设计中的文字应避免繁杂零乱，使人易认、易懂，切忌为了设计而设计，忘记了文字设计的根本目的是为了更好、更有效地传达作者的意图，表达设计的主题和构想意念(图 3－56)。

(3) 在视觉上应给人以美感

包装字体设计的目的是具有独特的识别性和传达商品信息，以及具有审美的艺术性。在视觉传达的过程中，文字作为画面的形象要素之一，具有传达感情的功能，因而它必须具有视觉上的美感，能够给人以美的感受。字型设计良好，组合巧妙的文字能使人感到愉快，留下美好的印象，从而获得良好的心理反应。反之，则使人看后心里不愉快，视觉上难以产生美感，甚至会让观众拒而不看，这样势必难以传达出作者想要表现的意图和构想。在设计中应善于运用形式美法则，使文字造型以其艺术魅力吸引

图 3－56 面食包装中的主要文字为了和图形风格特点协调，做了很大的变化，但依然有着良好的识读性。

图 3－57 设计师 Huyen Dinh 设计了这些可爱的果汁饮料包装。可爱的插图和可爱的文字设计让这款包装深受学生和小朋友们的喜爱。

和感染消费者(图 3－57)。

(4) 在设计上要富于创造性

现今的设计,内容的变化及形式的转换非常之快,字体设计亦必然顺应潮流,不断创新。设计师应根据作品主题的要求,突出文字设计的个性色彩,创造与众不同的独具特色的字体,给人以别开生面的视觉感受,有利于作者设计意图的表现。设计时,应从字的形态特征与组合上进行探求,不断修改,反复琢磨,这样才能创造出富有个性的文字,使其外部形态和设计格调都能唤起人们的审美愉悦感受(图 3－58)。

图 3－58 巴西设计师 Raquel A. L. Ribeiro 为卡萨布兰卡绿茶创作了精美的包装。优雅而又简约的文字提升了包装的品质。

文字的设计要服从作品的整体风格特征。文字的设计不能和整个作品的风格特征相脱离,更不能相冲突,否则,就会破坏文字的诉求效果。

(5) 体现文化内涵

无论是中文字体还是英文字体,都有丰富的字体风格和民族文化特色。因此,产品包装上的文字不仅具备形象美感和传达信息的功能,而且可以通过鲜明的个性体现各民族的文化内涵,从民族心理上深深地触动消费者的审美情结。如书法常被运用在传统产品和具有民族特色产品的包装上,从笔墨韵味中透出民族的文化特色和民族气质(图 3－59)。

图 3－59 舍得白酒中书写体字体具有浓郁的中国特色。

(6) 注意整体编排形象

文字设计除字体外,文字的编排设计是形成包装形象的又一重要因素。文字在画面中的安排要考虑全局的因素,不能有视觉上的冲突。否则在画面上主次不分,很容易引起视觉顺序的混乱,编排处理不仅要注意粗细、字距、面积的调整,还要注意行距与字距要有明显的区别。比较规范的文字编排一般是行距为字高三分之四。有装饰变化的文字关系可以灵活多变。包装上的文字编排是在不

图 3－60　通过茶壶中长出的嫩叶来传达茶的新鲜，视觉效果突出，编排方式独特。

同方向、位置、大小上进行整体考虑，因此，在形式上可以产生比一般书籍和广告文字编排更为丰富的变化。同时要注意同一内容文字字形应保持一致性。

包装文字编排设计的基本要求是根据内容物的属性，文字本身的主次，从整体出发，把握编排重点。所谓重点，不一定指某一局部，也可以是编排整体形象的一种趋势或特色。编排形式的变化，是可以多变的，并无一定模式，分为以下常用类型：横排形式、竖排形式、圆排形式、适形形式、阶梯形式、参差形式、草排形式、集中形式、对应形式、重复形式、象形形式、轴心形式等。各种形式除单独运用外，也可以相互结合运用，并可在实际的编排中演变出更多的编排形式出来（图 3－60）。

2. 包装设计品牌字体设计变化范围

(1) 外形变化

将文字外部轮廓特征的比例关系进行修改、调整，从而改变字的外部轮廓特征，达到加强文字的特征性和表现文字丰富内涵的作用（图 3－61）。变化如下：

a. 将文字的外形拉长；

b. 将文字的外形压扁；

c. 将文字的外形向左、右倾斜；

d. 将文字的外形进行横向、竖向的波痕式变化；

e. 将文字的外形进行原形、三角形、梯形等适合形处理变化；

图 3－61　巧妙利用字体外形变化

图 3-62　咖啡包装，用咖啡杯的形状替代了字母，除了让人更深入地了解包装产品之外，更增强了趣味性。

图 3-63　“夹”和“糖”共用一笔，表达了夹心糖的品质特点（福州麦斯设计）。

图 3-64　字的排列发生变化，焕然一新。

产品包装设计

产品包装设计

产品包装设计

图 3-65　宋体、黑体、圆黑体

f. 将文字的外形进行不规则的变化处理。

在对文字进行以上变形时，一定要注意变化的适度性。如果运用恰当，能给人以耳目一新的感受，反之，容易削弱文字的可识读形。

（2）笔形变化

汉字笔形变化是进行字体设计最重要也是最根本的途径之一。汉字笔划的丰富变体为设计人员提供展现字体设计装饰美的很实用的方法。如将文字的某一部首或某一笔划或字头字尾设计成具体实在的形象，以表达某种特殊的意义（图 3-62）。在设计中，应注意具象形在文字中的适当位置、比例以及具象形与文字之间的关系，具象形要生动、鲜明并有一定的象征。在字体设计时，要适应特定的环境、产品性能与定位，达到对个性风格的追求。可以利用宋体、楷体、加粗等字体格式设计重新构建汉字笔形，修订原本的字体的结构、倾斜度、弧度、留白、粗细、虚实、立体形状等方面并加以适当的变形处理。这样，原来的汉字就呈现了特殊装饰效果了。为了突出字体设计的创意，设计时应着重强调笔形变化的协调统一，也就是说每一个字必须是统一变化的，这样才能产生和谐与美。

（3）结构变化

汉字的结构规范是汉字传达功能的依据，基础字体的结构空间通常疏密布局均匀，重心统一，并且一般安排在视觉中心的位置。通过改变字体笔划间的疏密关系，或对局部笔划进行夸大、缩小、连笔、减笔、断笔、共用以及改变字的重心等处理，可以使字体显得新颖别致（图 3-63）。对结构的变化设计也应注意其统一性和可读性。

（4）排列变化

多数品牌都是由几个字或字母组合而成的，基础字体的排列是很规整的，如何打破这种规整的排列进行重新的安排、组合，对字体的风格、特点都会有直接的影响（图 3-64）。字体的排列变化应考虑人的阅读习惯，避免产生认读的困难。如拉丁字母不适合做垂直排列。

三、基本印刷字体、书写体的应用

基本印刷字体一般包括中文的宋体、黑体以及由黑体演变而来的圆黑体（图 3-65）；拉丁字母的饰线体（Time）和无饰线体（Arial）（图 3-66）。书法体为特殊的表现形式，汉字的“篆、隶、草、楷、行”五种字体通过毛笔书写，具有很高的审美价值和艺术表现力。

CHAN PIN BAO ZHUANG SHE JI

CHAN PIN BAO ZHUANG SHE JI

图 3－66 饰线体和无饰线体

图 3－67 同仁堂牛黄解毒丸采用宋体传达药品的药性温和的特点。

1. 汉字基本印刷字体的风格特征

(1) 宋体

宋体，是在中国宋朝发明的一种汉字印刷字体。早期的宋体吸收了书法中楷体的用笔特点，在雕刻过程中，笔划的顿角和转折特征变得简洁有力。在明代形成了字形方正、笔划有粗细变化，而且一般是横细竖粗，末端有装饰部分(即“字脚”或“衬线”)，点、撇、捺、钩等笔画有尖端。宋体字是印刷行业使用较早也最为广泛的一种印刷体，根据字的外形的不同，又分为粗宋、标宋、书宋、报宋、仿宋等。宋体风格古朴稳重、大方典雅，因此适合应用于传统商品、文化用品、食品、中药包装等(图 3－67)。

(2) 黑体

黑体是机器印刷术的历史产物。黑体汉字抹掉了汉字手书体的一切人为印迹及其造字渊源，没有手书的起始和收笔；它以几何学的方式确立汉字的基本结构，其均匀的笔划宽度和平滑的笔划弧度表现出一种稳定的、充满机器意味的无时间性及共时性特征。

黑体字又称方体或等线体，在宋体结构的基础上取消了粗细变化和字角特征，横竖笔划粗细一致，方头方尾。黑体字字形端庄、朴素大方，结构醒目严密，笔划粗壮有力，使人易于阅读。由于其醒目的特点，常用于标题、导语、标志等。但由于黑体灰度较重，不适合大面积的文字排版。黑体也可分为粗黑、中黑、细黑等字体形式。黑体适合于机电、电子、工业品、西药、日用品、办公用品等领域

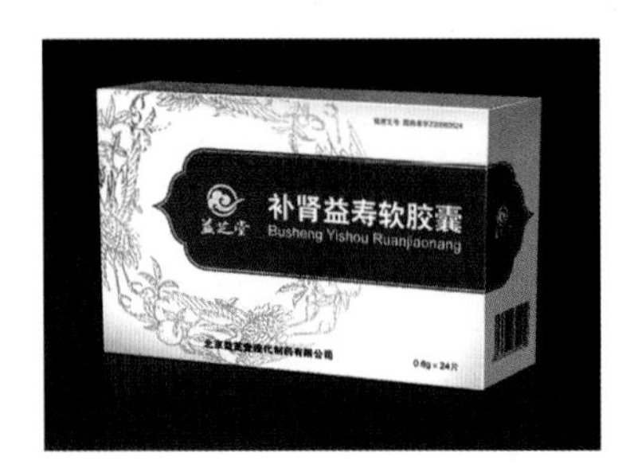

图 3－68 西药包装设计采用黑体传达药性猛烈、见效快的特点(北京西林设计)。

的包装(图 3－68)。

(3) 圆黑体

圆黑体是由黑体演变而来的,在笔形上将黑体的方头改为圆头,转折也较圆滑,结构更舒缓,更富张力,活泼。圆黑体风格比黑体风格活泼,更具时代感。因此圆黑体适于儿童用品、时装、化妆品等时尚商品等领域的包装(图 3－69)。

每种字体都有各自的视觉个性,因此,选择与文字表述内容相符的字体设计非常重要。

2. 拉丁字基本印刷字体的风格特征

图 3－69 国产护肤品采用圆黑体文字表达产品的时尚性。

拉丁字体从笔形特征上基本可以分为饰线体和无饰线体两大类。饰线指的是字体笔型的字角变化有装饰性。从古希腊的碑刻中我们可以看到的就是有字角特征的饰线体,后来的主要字体如安色尔体、卡罗琳体、哥特体、加拉蒙体、意大利体等都是带有字角变化的饰线体。它们具有共同的特点:粗细对比强烈,有饰线,整体感觉精致,有现代感。无饰线体是到 19 世纪初才在英国出现的,在字的顶端和字角处没有饰线体,笔划粗细基本相等,字体更为简洁流畅,力度感、现代感强,十分朴实、醒目,具有较强烈的视觉冲击力。

3. 书写体

书法是我国具有三千多年历史的汉字表现艺术的主要形式,既有艺术性,又有实用性。从历代的甲骨文、篆书、隶书、楷书、行书、草书等诸多字体看,各自呈现不同的面貌并且独树一帜,普遍具有民族风格和文化亲和力(图 3－70)。

图 3－70 书法艺术

甲骨文 大篆 小篆 隶书 楷书 草书 行书

(1) 甲骨文以象形为基础，用刀刻成瘦硬挺拔、浑厚雄壮的笔道图形，有着生动、自由、古朴、富于情感的风格。

(2) 大篆是先秦书法的主要内容，主要特点为笔划圆匀、结体平正、古拙、高雅、厚重，有图案的装饰美。

(3) 小篆的特点是字形修长、笔划圆润、风格飘逸、富丽。

(4) 秦代隶书拙中见巧，古中有新，史称“古隶”。到了两汉臻于成熟，汉隶的笔划方正平直，左右舒展，又称“八分书”，有着横挑波捺的均衡美，端庄又有变化。

(5) 楷书是在汉隶的基础上演变而来的，楷书结体以平直为主，较规范、严谨、大方，强调结构的平整美。

(6) 草书用笔节奏强烈、刚柔变化、如音乐般行云流水的旋律，又仿佛万马奔腾般的激情，气韵生动，富于绘画的笔墨情趣。

(7) 行书是介于楷书和草书之间的字体，是将端正的字体较自由地书写出来，笔力遒劲开张、潇洒流畅，给人以格调清新、爽朗的感觉。

随着时代审美视角的变化，我国汉字书写体逐步丰富，新的书写体不断出现，如彩云体、综艺体、舒同体等不一而足。现代产品包装设计中常常运用这几种书法体，以其独特的视觉效果产生独特的韵味。

拉丁字体书写体近似手写的字体，富有个性和灵活性。种类波及传统与当代、纤细与粗犷等，形式多样。在产品包装设计中以毛笔、马克笔等工具创造的各种手写、手绘拉丁字体能表达出亲切、和谐的商品属性。

每种字体都有各自的视觉个性，使人产生不同的心理感受，从而体现它们的气质、性格、美的表现力。因此，选择与文字表述内容相符的字体设计非常重要。如五金机械类的包装字体一般书写结实而精密，有牢固耐用的质量感；纺织品和服装类的包装字体一般写得比较轻松柔和；体育用品类的包装字体常喜欢采用动感强的字形；医药产品包装的字体不能等同于玩具包装上的浪漫色彩，要以浓厚的字体给人以严肃准确、清楚明白的印象。当然这些都应根据不同的具体情况而选用，不是一成不变的。品牌形象的文字具有标识性，采用变化多、装饰性强、突出醒目的字体，并以奇特异趣的编排形成强烈的视觉冲击力，安排在产品包装的主要展示面。对于广告宣传文字可以采用稍有变化的字体，平实而不花哨，使消费者产生信赖感。而功能性说明文字多采用统一、规范的基本印刷字体。让字体的类型、大小、粗细程度、字距、行距、位置、色彩或排列方式形成对比，使文字既清楚易读又有趣味性。同时以表现等级的方式，让读者的视觉呈流动状态，对信息的主次进行判断。

第四节 包装编排设计

包装编排设计就是将特定的视觉信息要素如文字、图形、色彩等根据主题表达的需求，运用造型要素及形式原理，在特定的版面上进行科学的编排。编排设计的目的是对各类主题内容的版面实施艺术化或秩序化的编排和处理。

包装的编排设计是一种运用各种方法将各种视觉表达要素进行创造性组合的设计。它能使各要素之间产生有机的联系，并形成一个简洁明快，重点突出，完整而又富有视觉美感的信息体。包装编排设计是一种具有个人风格和艺术特点的视觉传达方式。它在传达信息的同时，也产生感官上的美感。一件优秀的包装作品是商标、文字、图形、色彩、造型、材料等包装构成要素的有机组合与科学搭配，这样才能展现出完美的整体效果。

一、包装编排设计的形式美原理

对于美或丑的感觉在大多数人中间存在着一种基本相通的共识。这种共识是从人们长期生产、生活实践中积累、探索和总结的，它的依据就是客观存在的形式美原理，并以此为依据进行创作活动和对形象进行审美、评价。

1. 比例与分割

图 3－71 这一系列的洗化产品的包装都采用了具象形的分割形式，使被具象形围合起来的图形和文字更加醒目。

比例是指包装的部分与整体，小包装与大包装、容器与内包物等之间的体积及造型数量关系。比例是体现视觉美感的基础，是决定设计的尺寸大小，以及各单位间相互关系的重要因素。在编排设计里，包装设计的图形、色彩、文字、造型等诸多要素，相互间要有良好的比例关系才能给人以美感。

分割是突出设计主题和创作风格的基本造型手法，分割的主要形式有：等形分割、等量分割、具象形分割、相似形分割、渐变形分割以及自由分割等。方法不同、形式不同，会产生迥然不同的视觉效果。在包装设计过程中，要结合商品的内容来决定分割的形式(图 3－71)。

2. 对比与调和

对比是取得构成关系的基本方法，包装设计各表现元素在大小、曲直、长短、多少、高低、强弱、动静、疏密、冷暖、虚实等方面都采用有效的对比手法。

调和就是对包装各表现要素赋予共同的成分，各种对比因素的结果都要归结为调和。对比的减弱，就意味着调和的开始。

对比与调和在概念上具有相对性，但在实际设计中又是两个不可缺少的因素。对比中要有调和，调和中要求对比。编排中用什么样的对比与调和形式，要依据包装的商品属性来决定(图 3-72)。

图 3-72　橄榄油的包装设计以文字作为主要表现元素，在编排中采用了对比与调和的编排形式，文字大小错落有致，既形成了鲜明的对比，突出了重点，又使整个画面效果统一于一个整体。

3. 对称与均衡

对称与均衡是自然界中最常见也是最重要的形式美原理之一。对称具有静态的秩序感，能产生庄严、稳定、高雅、端庄的效果。但是绝对的对称会因缺少生机和秩序感而让人感到刻板。在包装设计中对称的编排方式主要应用在高档商品、工业用品、高档办公用品等稳重的商品包装中。

均衡是绝对对称形式的发展，能在视觉上和心理上弥补绝对对称给人带来的缺憾。包装编排实现均衡的方式有图形均衡、色彩均衡、文字均衡，这三者的交错综合就能达到丰富多变的视觉效果(图 3-73)。

图 3-73　采用统一的要素整齐排列，视觉上给人以稳定感，底部白色底纹打破完全对称带来的呆板感。

4. 节奏与韵律

节奏是按照一定的条理、秩序、重复连续地排列，形成一种律动形式。它有等距离的连续，也有渐变、大小、长短、明暗、形状、高低等的排列构成。在节奏中注入美的因素和情感个性化，就有了韵律，韵律就好比是音乐中的旋律，不但有节奏更有情调和意趣，它能增强包装编排的感染力和表现力。

节奏与韵律的表现是体现动感与活力的表现方法之一，节奏与韵律可以使包装编排设计具有生气和积极向上的活力(图 3-74)。

图 3-74　牛奶包装中的文字看起来似乎是没有规律的，实则采用了有规律的跳跃的排列方式，形成了很好的节奏感与韵律感。

二、包装编排设计的基本原则

包装设计中的各个构成要素间的关系错综复杂。图形与图形的关系，色彩与色彩的关系，文字与文字的关系；

图 3-75 果汁包装中从文字到图形再到色彩都采用单纯简洁的表达方式，从而传达出果汁的纯粹。

图形与文字、图形与色彩、文字与色彩的关系；图形、文字、色彩的关系；各个包装展示面之间的关系；不同包装单元并列组合的关系等等，在他们相互结合时应该遵循以下四点基本原则：

1. 统一性

统一性原则是指各种包装设计构成要素的结合要围绕着明确的主题，准确传达设计理念，给人一目了然的明晰印象（图 3-75）。切忌各种构成要素孤立分散，以致画面显得零乱，也要尽量不使用那些毫无意义的装饰内容。

2. 秩序性

秩序是一种编排的组织美，它是包装版面的灵魂所在。秩序能体现版面的科学性与条理性，有助于强化视觉形象，还能使信息的重点和主体的特征突出，使版面层次分明、和谐悦目。

在进行版面的秩序处理时，应该把包装的各个展示面和各个形象要素统一有序地组织起来。除了要把握形象要素之间的大小关系外，还要确定它们各自所在的位置，并使它们之间产生有机的联系。如将主体展示面的主体形象和主体文字向四面延伸辅助线到各个次面，次面上各个形象要素都安排在这些延伸的辅助线上，然后通过主要展示面所确定的形象要素再延伸到各个次面上，从而确定各个形象要素的位置。用这种方法来安排各个展示面的每个形象要素，能使各构图要素间产生一种视觉上的和心理上的连贯性，加上主次关系的恰当处理，容易形成秩序感和形式感，增强商品包装的视觉感染力（图 3-76）。

图 3-77　番茄包装中栅栏的形态让人仿佛置身田园，给消费者“自然，新鲜”的心理暗示。镂空设计展示了商品的外观。色彩上自然清新，整体编排既美观又特别。

图 3-76　此款包装设计的亮点在于利用长方体与画面角度的设计，使两个面构成一幅完整的图形，让人展开丰富的想象。

3. 生动性

生动性就是要破除统一的单调，使构成关系富于生机和趣味。如利用各种差异取得效果，比如疏与密、直与曲、正与斜、轻与重、明与暗等表现手法，通过剪裁、取舍等技巧概括地进行构图，可使包装作品更具有亲和力，更富有生机(图 3-77)。

4. 独特性

包装就是商品的外在形象，包装设计的风格取决于商品的性格特征，如古朴或时尚、奔放或典雅、柔和或强烈等都是商品的性格特征。这些特征应该在设计过程中以视觉语言准确地传达给消费者。包装编排设计的独特性是设计师对设计个性差异的独到见解，设计师可以运用图形文字化或者文字图形化的设计方法，在包装编排设计中通过对设计内容、编排等设计元素的重新构建，在演变中寻找个性，让包装更具表现力和个性特征(图 3-78)。

图 3-78　由文字构成了容器瓶型，在编排上做足了文章，使得包装越发吸引人的眼球。

图 3－79　JAD公司为ME公司设计的earBudeez系列耳机，六款耳机对应六个卡通人物——Bodie、Emo、Jay D、Jill、Skull Rojo和Zoie Jane，最有趣的是通过改变耳机的摆放位置就能赋予人物不同的表情，非常可爱。

5. 主次分明

包装编排中视觉传达的所有元素有主要和次要之分，主次分明就是指不能对包装中的每个素材都平均对待，对于重要的信息应该施以重墨，突出表现其重点。但突出重点并不是意味着孤立重点，因为重点的过分夸大会给人比例失调的感觉。因此，在进行包装编排设计时应以能迅速抓住消费者视线为目的，版面中各要素之间要比例得当。设计师在设计时可以根据需要对要素分别进行强化或弱化处理，在突出主体的同时明确主次关系，以提高包装整体视觉效果(图 3－79)。

包装设计构成的处理应在遵循以上五个基本构成原则的前提下，运用对比与调和等形式进行包装版面的编排设计，使图形、色彩、文字、包装材料以及印刷工艺等平面表现元素有机、和谐地统一在包装编排上，构成完美的包装。

*　*　*

本章小结：包装的视觉传达要素主要由图形要素、色彩要素、文字要素以及编排要素等几个方面组成。这几个要素综合起来表达可以丰富包装的形象感受，有效地起到传达商品信息和促进销售的目的。图形具有直接、丰富的品牌形象感，色彩具有先声夺人的作用，文字具有图形和文字的双重作用，编排则是将上述元素整合、统一的过程，强调的是品牌的个性与品味。

习题：

1. 用色彩调和的方式设计一个清洁用品包装。
2. 用色彩强烈对比方式，设计一个食品包装。
3. 为啤酒、白酒和红酒设计三种不同的瓶签。

第四章　包装设计的立体形态设计要素

第一节　纸容器造型设计

一、纸材

纸材作为包装材料使用由来已久，但无从考证确切的时间和地点，由谁首先使用纸来包裹东西的。从公元前 3 000 年发明的一种草纸到纸袋的产生，整整经历了几百年的历史。纸材一直作为最广泛的材料被用于一般包装。

出于环境保护与爱护森林的目的，造纸原料从单纯的木头纤维，慢慢扩大为棉麻、香蕉叶纤维、烟草、回收纸、碎草、大蒜皮、谷壳、茶叶、海草，甚至烘制过的咖啡豆碎末，这些不同材料加工出来的纸材具有不同的效果和肌理，还散发出不同的味道。

纸板是纸材包装中最常用的形式。纸板是由各种纸浆加工而成的、纤维相互交织组成的厚纸页。纸板与纸的区别通常以定量和厚度来区分，一般将定量超过 200 克/平方米，且厚度大于 1.5 毫米的纸称为纸板。而一般定量小于 225 克/平方米，通常称为纸。

纸板一般由各种植物纤维为原料，也有掺加非植物纤维，在纸板机上抄造制成。有些掺用羊毛等动物纤维或石棉等矿物纤维的，我们称为特种纸板。

纸板根据用途可分为以下几大类：

1. 包装用纸板，如箱纸板、牛皮箱纸板、黄纸板、白纸板及浸渍衬垫纸板等。

2. 工业技术用纸板，如电绝缘纸板、沥青防水纸板等。

3. 建筑用纸板，如油毡纸、隔音纸板、防火纸板、石膏纸板等。

4. 印刷与装饰用纸板,如字型纸板、封面纸板等。

纸板的种类主要以克数和厚度作为划分标准,可分为灰底铜版卡纸(有230、250、270、300、350、400、450、500、550数种,单位为“克/平方米”,下同)、灰底白面卡纸(250、270、300、350、400、450数种)、白底铜版卡纸(230、280、300、350、400、450、500数种)、双面白卡纸(220、280、300、350、400、450、500数种)、铜版西卡纸(200、220、250、270、280、300、320、350、400、450、500数种)、白底铜西卡纸(200、250、280、300、350、400数种)、单面铜曲卡纸(200、250、280、300、350、400、500数种)。

纸的种类大多数分为牛皮纸、玻璃纸、蜡纸、有光纸、过滤纸、白纸板、胶版纸、铜版纸、漂白纸等。每一个种类都有相应的用途,牛皮纸经济实惠,适用于廉价包装;玻璃纸适用于食品包装;蜡纸可用来直接包裹食物;有光纸可用来装裱纸盒;过滤纸大多用来包装袋装茶叶;白纸板适用于做折叠盒;胶版纸适用于信纸、标签等;铜版纸适用于多色套版印刷;漂白纸适合现代高速印刷工艺。

二、纸包装容器的个性特征

纸容器包装在包装设计中占据很重要的位置。目前,在世界上工业发达的国家中,纸质包装容器所产生的经济效益占整个包装总产值的50%左右,包装用纸占纸和纸板总产量的40%以上。21世纪以来,纸容器包装发展速度越来越快,涉及的领域越来越广,这主要源自纸质包装具有独特的优良个性特征。

1. 纸材能够几乎满足包装具有的各项功能。纸容器有一定的强度和缓冲性能,不仅能遮光防尘又通风透气,对内装物品具有较好的保护效果;纸包装质轻价廉,结构紧凑,流通中还能节省运输和仓储费用;纸材的可塑性强,加工工艺简单,能根据商品特性设计制作出各种各样的包装造型,还能在其表面进行精美的视觉设计及印刷,是最佳的“无声推销员”,是设计师的最佳表现媒介。

2. 纸材具有优良的加工性能,纸容器的成型较其他材料容器容易,只需通过裁切、印刷、折叠、封合,就能方便地把纸及纸板加工成为所需的各种形式的箱、盒、袋、罐、杯等造型。而且纸包装成型及充填工艺都能实现机械化、高度自动化,大大节省制造成本。

3. 纸容器包装运用范围很广泛,尤其在食品、医药产

图 4-1　儿童茶点包装设计。本设计运用明度和纯度很高的色彩营造一种活泼健康的食品形象，它给人的感觉非常可靠。图形设计的趣味感引领了一种可爱的文化潮流。

品、轻工产品、工艺品等领域使用率最高，绝大多数商品均可采用纸包装（图 4-1）。

4. 近年来，随着人们环保意识的觉醒以及对“绿色包装”的追求，纸材作为一种可多次再生利用的材料，备受青睐。但它也有不足，比如：刚性不足，密封性、抗湿性较差等。随着纸复合材料的发展，纸包装的用途也在不断扩大。

三、纸容器造型的结构分类

纸包装容器种类繁多，按其结构特点，可分为以下五大类。

1. 纸盒

纸盒是纸包装容器里运用最多的形式，占有相当重要的位置。它是用纸或纸板折叠和粘贴制作而成，其式样种类丰富多彩。纸与其他材料复合制成的纸制品，已部分替代了玻璃、塑料、金属等包装容器，如：牛奶的纸盒包装逐渐取代了过去通常使用的玻璃奶瓶。

通常构思精巧、造型简洁的纸盒包装比短暂有限的市场广告标语更能为客户带来竞争优势。成功的纸盒包装可以在大众心中树立良好的公司形象，体现优异的产品质量，赢得广大消费者的信任。

纸盒生产一般分为三步：第一步是印刷，将各种文字、

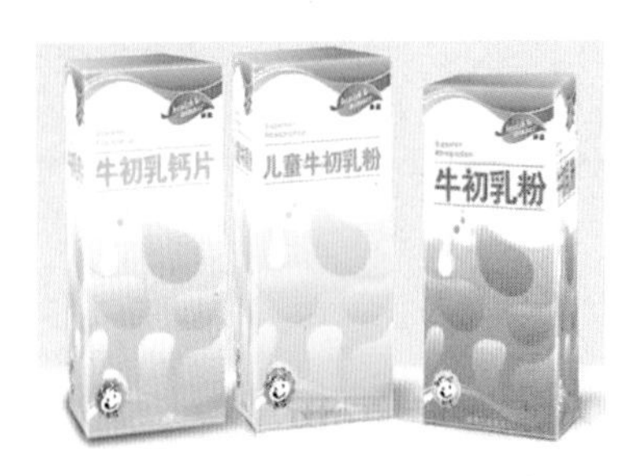

图4-2 康盈牌系列保健品整合包装设计——乳品类。该设计为典型的管状盒型设计。

图形、色彩及主要的信息印在纸板上，以满足客户对具体形象的要求；第二步是切割，将纸板用切割器切成纸盒展开所要求的形状，标出必要的折线；第三步是修整处理，其中包括窗口的切割和粘合剂的应用。结构简单、便于制作的纸盒可以适用于大多数的产品包装，过于复杂的包装结构，则会给制作和使用带来不便。

纸盒包装的基本造型是在一张纸上通过折叠、模切、连接或黏合等方法而使其具有各种形态。从纸盒的造型结构与制造过程来看，大致可分为折叠纸盒和固定纸盒两大类。

(1) 折叠纸盒

折叠纸盒，即纸板或瓦楞纸通过印刷在纸或纸板上压制出折叠痕迹，由机器或人工折叠而成的纸盒，通常被设计为整件包装结构。这类纸盒在运输的过程中可以完全压平，节约空间。折叠纸盒又可分为拆装式折叠纸盒和固定式折叠纸盒，其外形有多种形式，也可添加其他特殊结构及附件，如：开窗孔、开启孔、倾倒孔等，以满足不同产品的需要，常用于食品、化妆品和药品等包装。折叠纸盒具有独特的优越性，它除了具有良好的保护功能外，还可适用各种印刷方式，易于加工生产，便于储存和运输，大大减少储存和运输时所占的空间，降低流通费用。它的结构变化丰富，一般有多种盒型，大致可分为以下几种结构：

图4-3 2008奥运纪念普洱茶包装设计。该设计为典型的盘状折叠盒型样式。

① 管状折叠纸盒

纸盒的形状呈管状，一般由一张纸板折叠构成，其边缝接头通过粘合或钉合，盒盖和盒底通过摇翼组装来固定和封口，盒身侧面比较简单，主要变化是在盒盖和盒底(图4-2)。

② 盘状折叠纸盒

是由一张纸或纸板通过折叠、锁扣或贴合而形成的一种盘形的纸盒，它的高度较低，变化主要体现在盒体部分(即盒的侧边上)。它的特点是盒底负载面大，开启后消费者能观察到的内容物的面积较大，有利于消费者挑选商品，也有利于消费者拿取商品，一般多用于服装、食品及礼品包装(图4-3)。

图4-4 饮品包装设计。该设计造型结构丰富，充满个性变化，体现了饮品的特殊口味。

③ 特殊形态的折叠纸盒

造型独特，有独特的个性，由管状盒型通过挤压、扭曲等变形手法制作而成。其结构变化丰富，在众多的商品包装中独树一帜，适合装一些富有个性的商品，但由于它的制作比较复杂，运用的范围有限(图4-4)。

(2) 固定纸盒

固定纸盒又称粘贴纸盒、硬板纸盒,或裱糊盒,是形状固定的包装结构,包括顶部和底部两部分,通常由厚重的纸板制成,多用于高档产品的包装,显得美丽而华贵。这类盒型在运输过程中是不能折叠的。相比折叠纸盒,它强度高,外部通常会用其他的材料来做表面装饰。成本较高,运输和存储费用也较高,由于是手工制作,产量较低,多用于高档商品、玻璃制品、工艺品、易碎物品和礼盒的包装等。固定纸盒由于有较好的陈列展示效果,因此大多数食品、礼品包装都采用这种形式(图 4－5)。

图 4－5　柴鸡蛋礼盒包装设计。纸盒形状固定,除了便于运输外,还具有较好的陈列效果,使礼品显得美丽华贵。

我们在进行纸盒结构设计时一般习惯按其构造方法与结构特点去细分,从中可以寻找到一些基本的结构变化方式。

(3) 盒身结构

盒体结构的变化从外观上直接决定纸盒的造型特点和设计个性。因此,在设计中盒体的变化就显得格外突出。盒体结构的主要形式分为直筒式和托盘式两大类。直筒式的最大特点是纸盒呈筒状,盒体只有一个粘贴口,可形成套筒用以组合、固定两个或两个以上的套装盒;或由盒体两头的面延伸出所需要的底、盖结构。而托盘式,则纸盒呈盘状,它的结构形式是在盒底的几个边向上延伸出盒体的几个面及盒盖,盒体可选用不同的栓结形式锁口或粘合,使盒体固定成型。

图 4－6　摇盖式纸盒。用一张硬纸做成,底与盖连在一起,适合盛放各种食品、小电子产品。

此外,上述两大类中又有以下八种变化形式。

① 摇盖盒

这是结构上最简单、使用最多的一种包装盒。盒身、盒盖、盒底皆为一板成型,盒盖摇下盖住盒口,两侧有摇翼。最为常见的摇盖盒就是国际标准中小型反相合盖纸盒。由于它所使用的纸料面积基本上是长方形或正方形,因此是最合乎经济原则的(图 4－6)。

② 套盖盒

又称天地盖,即盒盖与盒身分开,互不相连,而以套扣形式封闭内容物。虽然套盖盒与摇盖盒相比,在加工上要复杂些,但在装置商品及保护效用上,则要理想些。而从外观上看,能给人以厚重、高档感。因此,多用于高档商品及礼盒上(图 4－7)。

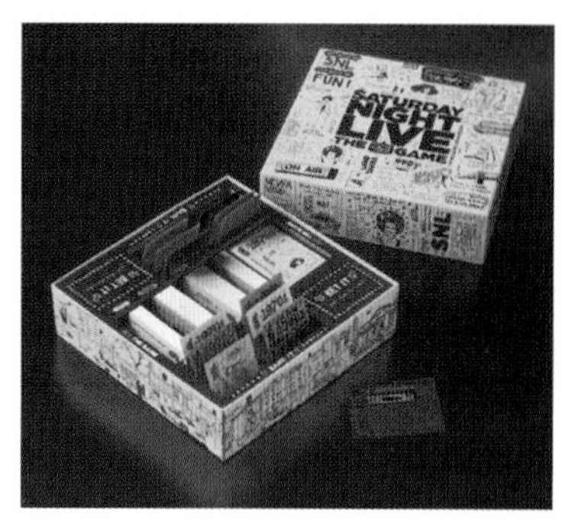

图 4－7　手绘趣味包装盒设计。采用天地盖式结构设计方法,通过手绘插画的效果,来表达商品形象。

③ 开窗盒

这种结构的最大特点,是将内容物或内包装直接展示出来,给消费者以真实可信的视觉信息。开窗的形式有多

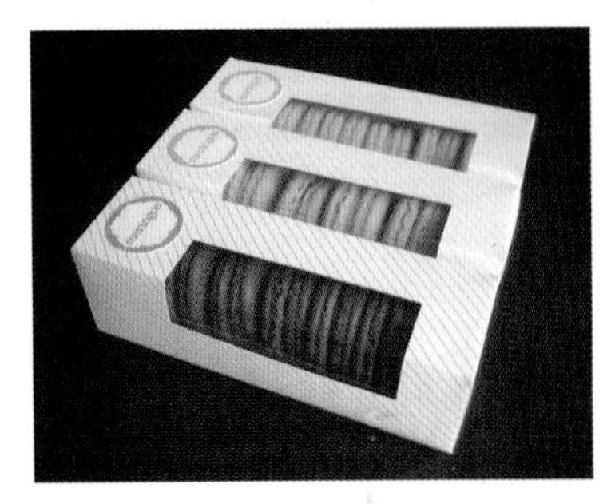

图 4－8 饼干包装设计。通过盒身转折面的开窗处理，将饼干喷香诱人的形态展示给消费者。消费者不用打开包装就可知道产品的大小、形状甚至部分功能，是诸多商品乐于选择的包装形式。

图 4－9 陈列展示盒。这类盒型最大的优越性在于集包装、运输、展示于一体，经济简单。

图 4－10 巧克力奶糖包装设计。巧妙的提手部分与盒身一板成型，使消费者提携更加方便，并且提高了商品的层次与品位。

种：局部开敞、盒面开敞、盒盖开敞等，主要视商品具体情况而定。一般要在开窗处的里面贴上 PVC 透明胶片以保护商品。在做开窗设计时，注意遵循两个原则：一是开窗的大小要考究，开得太大会影响盒子的牢固，太小则不易看清商品；二是开窗的形状要美观，如果切割线过于繁杂反而会使画面显得琐碎（图 4－8）。

④ 陈列盒

在货架或柜台上陈列时可形成一个展示架。它的主要变化在盒盖部分，盒子根据盒面的图形文字，起着广告宣传的作用。盖子放下后，即可成为一个完整的密封包装盒，有效地保护商品（图 4－9）。

⑤ 手提盒

是一种从手提袋的启示发展出来的包装，其目的是使消费者提携方便。这种盒形，大多以礼品盒形式出现或用于较大体积的商品。提携部分可与盒身一板成型，利用盖和侧面的延长相互锁扣而成；可附加塑料、纸材，绳索用作提手，或利用附加的间壁结构；也可利用商品本身的提手伸出盒外（图 4－10）。

⑥ 姐妹盒

在一张纸上设计制作出两个以上相同的纸盒结构，组合连接在一起，构成一个整体，每个纸盒结构又是独立的包装单位。这种纸盒结构适宜盛装系列套装小商品，如糖果、手帕、袜子、香水等（图 4－11 ）。

⑦ 方便盒

它的最大特点是以解决消费者反复取用商品带来麻烦的问题为宗旨，并结合商品的特性来设计结构。当盛装粉状类商品，如洗衣粉、巧克力豆等，可用带有活动小斗装置的方便盒，活动小斗可一板成型制成，也可用金属材料做附加结构。当盛装相对独立的商品时，如化妆品、小礼品等，可采用自动启闭结构的方便盒。这种结构在开启关闭上所具有的独立性，使它一方面可以减少启闭时手的动作，另一方面也因为启闭部分可以在结构允许的情况下有所变化，这样既增强了纸盒的新颖感，同时又可取得良好的展示效果（图 4－12 ）。

⑧ 趣味盒

前面七种纸盒多以六面体出现，而趣味盒则是在此基础上加以变化、发展形成极具特色的结构形式。它或以抽象型的变化出现：如盒身边线由直线变成弧线；或以具象型的变化出现，如仿照物体的形态来进行造型设计，包括动物、植物和其他物体。由于趣味盒的新颖多姿，增加了消费者尤其是青少年和儿童在选购商品时的兴趣。

在很多情况下这些变化形式并不是以单一的方式出现的，常常是以两种或三种方式的组合体现，如一个盒体既可开窗又可手提，同时还是姐妹盒。结构的确定也主要视所包装商品的大小、轻重、形状等外观因素及便于纸盒成型而定(图 4 - 13)。

(4) 间壁结构

这种结构保护商品的主要方式是隔离各类易于破损的商品。例如：陶瓷、玻璃类的包装以防破损为主要目的，其间壁结构能有效地缓冲碰、撞、摔等。同时，对于有数量限额的商品，这种纸盒也可以做出有条理的安排。如糕点和其他食品组装时，间壁起到了固定商品位置的作用。间壁结构包装形式用于礼品包装时显得更加重要，其原因在于：一方面由于礼品大多为高档或较高档的商品，通过间壁结构可以有效地得到保护。同时，也由于间壁结

图 4 - 11　绿色果蔬饮品包装设计。二合一的纸盒结构组合成产品的整体包装，打开后又成为独立的包装效果，充满趣味，有效提升产品的销售。

图 4 - 12　面巾纸包装设计。结合图案造型确定切口位置，并利用切口，既能方便地抽取纸巾，又有防尘的功能，制造一种方便、有趣的拿取过程。

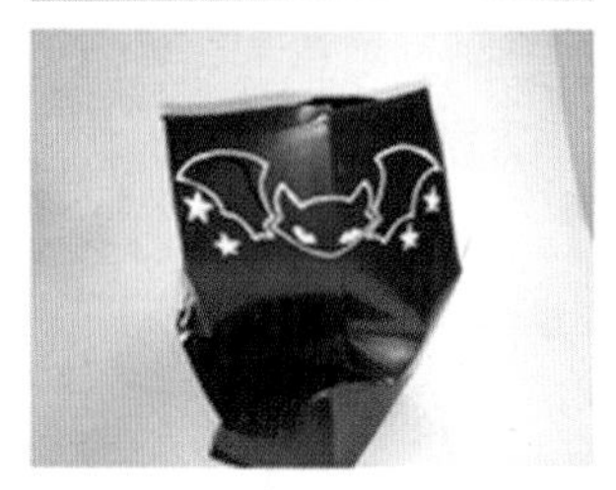

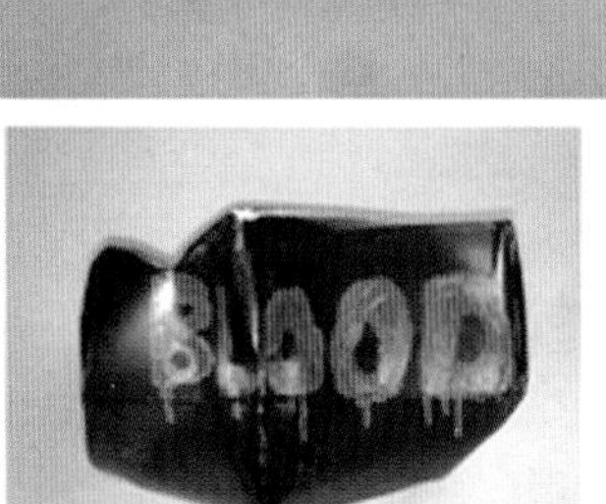

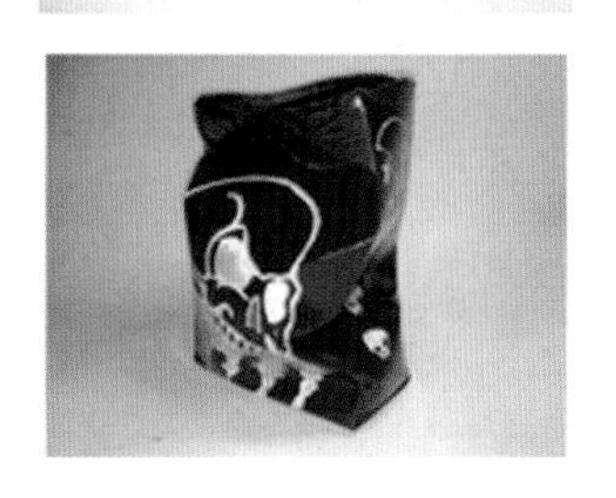

图 4 - 13　趣味十足的储物盒。利用废旧的纸盒，进行随意挤压，并手绘个性图案，变废为宝，成为放置各种文具、杂物的个性装饰物，突出了典型的可持续发展观。

构可以提供一定的空间余地，更好地展示商品，给商品以“说话”的空间，从而提升商品的附加值。另一方面，礼品包装有不少是两种或两种以上的商品组合在一起，商品的质感、尺寸、外形各不相同，通过间壁结构的协调，可使不同的商品之间产生出一种内在的默契。另外，用于间壁的纸板还可以与纺织品等材料配合出现，以达到提高档次的要求(图4-14)。

图4-14 餐具包装设计。为防止在运输途中由于摩擦得到划痕，这套餐具采用间壁结构，合理安排产品的摆放，井井有条的同时对产品起到了较好的保护作用。

为了适应不同的商品及不同数量、排列的要求，间壁结构可以演化出千万种形式，但总结起来可分为盒面延长自成间壁的结构和附加间壁结构两种形式。

通过合理排列，盒子与内衬垫间以一纸成型，减少附件，有效地保护商品。这种把运输包装与销售包装结合在一起的结构设计是很有发展前途的。

(5) 盒底结构

在整体设计纸盒结构的同时，盒底部分的结构设计是值得重视的。因为底部是承受载重量、抗压力、振动、跌落等影响时作用最大的部分。在进行结构设计时，精心设计盒底结构，可以为成功的包装设计打好基础。根据所包装商品的性能、大小、重量，正确设计选用不同的盒底结构是相当重要的一步。以下介绍几种运用纸板相扣锁、粘合等方法，使盒底牢固地封口、成型的结构。

① 插口封底式

这种结构一般只能包装小型产品，盒底只能承受一般的重量，其特点是简单方便，在普通的产品包装中已被广泛应用。根据测试数据，采用插口封底式结构，盒底面积越大，其负荷量越小。因此在设计大的包装时要加以注意，一般可以在插舌或摇翼部分做些改良，则不但能增强盒子的挺括程度，还能增加一定的载重量(图4-15)。

图4-15 典型的插口封底方式

② 粘合封底式

这种结构一般只能用于机械包装，这种在盒底的两翼相互由胶水粘合的封底结构，用料节省，盒底也能承受较重的分量，包装颗粒产品时可防止内容物漏出，而且耐用。常见的谷类食品盒就是这种结构(图4-16)。

图4-16 典型的粘合封底方式

③ 折叠封底式

这种结构是运用纸盒底部的摇翼部分设计成几何图形，通过折叠组成各种有机的图案，这种结构特点是造型图案优美，可作为礼品性商品包装。由于结构是互相衔接的，一般不能承受过重的分量(图4-17)。

图4-17 糖果包装设计。典型的折叠封底方式。

④ 间壁封底式

这种结构是利用底部结构将盒内容分割为二、三、四、六、九格的不同间壁状态，有效地固定包装内的产品，防止损坏，改变了过去要另外加上间壁附件的工序。相比之下，这种结构对商品保护作用更大，而且也更加节约纸张，纸盒的抗压力和挺括程度也大大增强(图 4－18)。

图 4－18　徽味茶点包装设计。运用间壁封底式结构保护商品，还有效地固定了内容物。

⑤ 锁底式

这种结构是将盒底的 4 个摇翼部分设计成互相咬口的形式进行锁底，在各种中小型瓶装产品中已广泛地采用这种结构的封底形式。如果应用这种锁底结构时，在盒底的摇翼上做点改动，增加两个小翼，则更能增加其载重量。若盒底面积较窄长，可在摇翼部分做些改进(图 4－19)。

⑥ 自动锁底式

这种结构是在锁底式结构的基础上变化而来。盒底经过少量的粘贴，在成型时只要张开原来叠平的盒身，即能使其成型，盒底自动锁盒(图 4－20)。

以上介绍的是纸盒盒底结构的种种设计。往往在合理设计盒底结构的基础上，与盒体的造型有机地联系起来，就成了较为完美的纸盒。当然，我们必须根据所包装商品的特有情况，灵活选择结构的形式，以适应各种商品的不同需要。

图 4－19　食品包装设计。采用锁定方式进行底部设计。

(6) 锁定结构

在纸盒的成型过程中也可以不使用粘合剂，而是利用纸盒本身某些经过特别设计的锁定结构，令纸盒牢固成型和封合。

锁定的方法很多，大致可以按照锁口左右两端切口形状是否相同来区分。一是互插：切口位置不同，而两边的切口形状完全一致，是两端互相穿插以固定纸盒的方法。二是扣插：这种方法不但切口的位置不同，其形状也完全相背，是一端嵌入另一端切口内，使纸盒固定。但不论采用以上两类的哪种锁口形式，有一点是相同的，那就是必须做到易合、易开、不易撕裂(图 4－21)。

2. 纸箱

图 4－20　土特产包装设计。底部运用自动封底式进行锁定。

纸箱一般是以比较厚的瓦楞纸板制成，抗震性能好，体积较一般纸盒大许多，其结构设计日趋标准化、系统化，主要用于运输包装和大型产品外包装。纸箱多为方体造型，便于码放和运输。箱体的锁定方式类似纸盒，但在盒身的结合处大多采用钉合方法，加强牢固性。在箱盖处一般使用胶带封合开启口，以防散开，也方便开启，同时专用

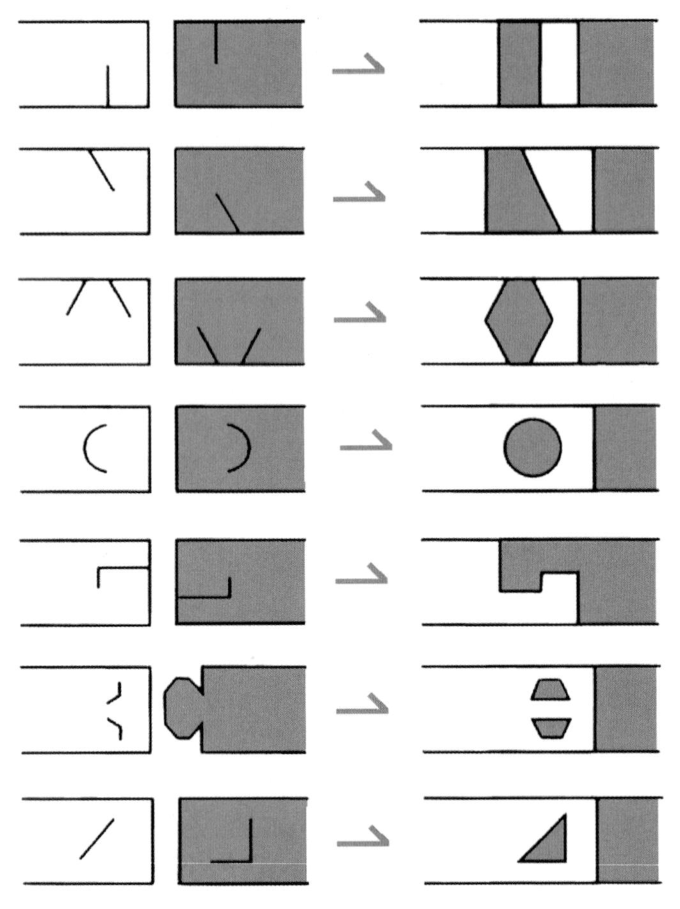

图 4-21 纸张锁口结构示意图

图 4-22 啤酒包装箱包装设计。独特的个性图案营造了产品特殊的气氛感和高价、名贵感。优质包装纸板的应用不仅提升其身价，而且考虑了特种印刷工艺的要求。

图 4-23 饮品杯包装设计。轻便、卫生、可落叠，精美的视觉图案设计足够勾起消费者的购买欲望。

的封口胶带可增加防盗性能。纸箱的设计更加注重功能性的体现和商品信息简洁、准确的传达(图 4-22)。

3. 纸筒(又称纸罐)

纸筒(纸罐)一般用于固态物品的包装，由于涂布技术的进步，在筒体内壁可形成防渗透的保护涂层，也有一些液态物品使用纸筒进行包装。纸筒主要是以纸为基础材料经过层卷制成，其中纸管和纸杯筒径较小；纸罐与纸筒筒径较大。也有用复合纸制作的各种纸筒。纸杯是用纸板制成杯筒与杯座，经模压咬合形成杯体的小型纸质容器，通常口大底小，可以叠起来，便于储存、运输，具有轻便、卫生、可印刷彩色图文的特点，我们常见的有冰淇淋杯、一次性纸杯、小食品纸筒等(图 4-23)。

4. 纸袋

纸袋是以纸制作而成的袋状软性容器，大多采用粘合与折叠结构，一般是三边封口，一端开口。它有多种形式。

如：手提式、信封式、方底式、筒式、阀式、M式、折叠式等。手提纸袋的包装结构既便于制作、携带、节省费用，又起到广告宣传作用，被称为是“流动的广告”媒体。如：有些面包专卖店设计的纸袋非常具有个性，不仅方便了消费者随时随地携带食品，而且企业形象得到了很好的展现。纸袋适用于纺织品、衣帽、小食品、小商品等包装。目前，许多企业、商场都有专门设计的包装纸袋，已构成一道新的风景线(图4-24)。

图4-24 黔五福系列食品包装手袋。采用优质纸材，手提式携带方法，不仅有效地保护商品，避免油污，而且运用巧妙的视觉效果打造卫生健康的趣味消费印象。

5. 纸浆模塑制品

纸浆的运用与纸张一样有着久远的历史，与再生纸不同的是，纸浆不像纸张那样需要高质量的漂白表面，然而，它展示的却是极富质感的光洁和有肌理的外表，从而成功地占领市场。纸浆提供了一系列不含化学成分的包装概念。蛋盒是纸浆包装的著名象征。现在有些产品包装首选纸浆模塑制品，如手机的包装内盒，一方面能很好地适应手机的外形，起到保护商品的功能，另一方面由于它是利用回收纸制作而成的，成本低廉又符合环保要求。随着加工制作水平的不断提高，纸浆模塑产品的质量及外观视觉形象将越来越趋向完美，给人带来更新的视觉体验，将会有越来越多的产品运用纸浆模塑制品(图4-25)。

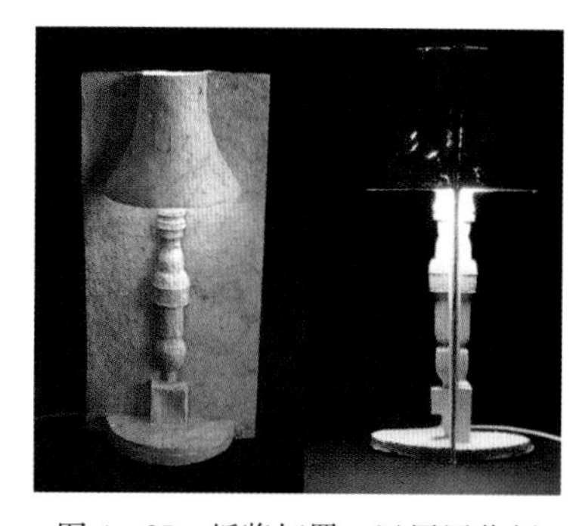

图4-25 纸浆灯罩。运用回收纸做成纸浆灯罩，将灯管与电线包裹起来，成本低，方便使用、回收，是很好的绿色包装设计。

四、纸容器包装结构设计技巧

纸容器包装的基本造型是在一张纸上通过折叠、模切、接上或者黏合等方法而使其有各种形态。从纸容器的造型结构与制造过程看，可分为以下几大类：

1. 运用改变几何形态方式进行包装创意

从抽象几何形态变化入手是纸容器造型设计技巧训练的最佳突破口，仔细观察任何盒形的某一个面，就会看出立体盒变化不外乎是在方形、矩形、三角形、多边形等基础上向垂直方向或水平方向延展合围形成不同的体积变化。千变万化的盒形中，方、圆、三角等几何形态仍然是纸容器造型形态变化的基础。在表现盒型深度和整体造型时糅进不同形状的几何形变化，可以改变抽象几何形态的呆板状态，赋予盒型一定的灵性，增强包装盒型的艺术感染力(图4-26)。

图4-26 千变万化的纸盒造型

① 集合法

利用几何基本形体的堆积集合方法进行新形态的创

造。例如：方形与方形的集合、方形与圆形的集合、多边形与方形或圆形的集合、三角形与方形或圆形的集合以及其他几何形体之间的集合。形体堆砌的方法有助于产生新颖奇特的造型，激活创意灵感。

② 切割法

利用线的各种切割及直线、弧线、圆线、曲线、折线变化等产生局部面形变化，在此基础上创造出千变万化的造型来。还可对原有面形进行切割，如：对长方形面上方对称切去两角形或锐角变化，依次变化，导致整个长方体产生轻盈向上、生气勃勃之感；对正方形面对称切割下方角而形成变异八面体，使其具有礼盒特征等多种尝试。

③ 实验法

扭曲、叠加、重复等变化产生偶发形态，激发新颖奇特的联想，用这种方法可以打破常规，寻求创造力的迸发。

2. 运用仿生造型进行包装创意

包装盒型设计中拟态形创造来自工业产品仿生造型设计的启示。仿生造型设计是对丰富多样的自然形态的模拟、变形与再创造，这种模拟设计使产品的造型形态趣味性增强，更具视觉冲击力与艺术个性。对自然界生物形态的模拟设计可以直接模拟也可间接模拟。直接模拟的产品造型与具体的被模拟对象特征十分相像；而间接模拟的产品最终的形态并不直接具备模拟对象的形态特征，而是具有被模拟物的生命感特征，是一种再仿形的创造，人们并不能从产品的外形判断出其所模拟的具体生命的名称，但却能感觉到产品形态所表现出的形式、结构、功能或意向的生命力。在盒型设计中以拟态形来体现仿生造型的设计理念，其范围涵盖对自然植物花卉、果实及动物等拟态形，还有对人类现已创造的有机形拟态，对未来产品包装形态的大胆设想等。由于包装盒型必须能够盛装内容物，这就决定了拟态形设计的实用功能性要求。首先要保证盒型形态具备盛装物品的体积容量，其次要解决好盖和盒底的摩擦锁扣，这样才能区别于一般的折纸游戏。另外在设计中要谨防因过于繁复而造成生产加工的困难。(图 4－27)

① 仿自然形

仿花卉、贝形、植物果实等拟态形设计，大胆想象，形成一种向上、伸展的精神内涵，将简约生动的形态变化，创造性地运用在包装盒形中。

图 4-27　仿生纸盒创意造型

② 仿人工形

大量的人工形来自于人类对自然外形的长期观察、研究、创造与应用。人工形拟态设计是一种对再仿形的创造，此类设计来自于设计家对人们已经创造的概念形体的再利用和巧妙的联想。例如，酒类包装在酒瓶设计中仿酒桶形、棒槌形；在瓶盖上仿帽形、头盔形；瓶身仿铠甲等。

③ 仿动物形

自然界的万物形态都是最理想的自然选择形式，体现了适者生存的自然规律，自然界现存的各种生物与动植物的造型、形态、色彩一直对产品的功能设计以及原理设计有着十分重要的影响。从设计心理学意义上讲，仿生拟态形最具亲切感，自然汲取了其本身对大自然的适应这一特点，一般都具有抗震、抗压、坚固、封闭、隐秘的性能。从艺术形态美学角度讲，仿生拟态形具有流畅、更为饱满、更具备扩张性等美的感觉。如，仅仅一个卵形，在小至香水，大至建筑中都常常被采用。

3. 运用不同造型手段进行包装创意

纸盒造型结构在与不同面形相互结合建构立体形态时，采用“折叠、穿插、粘合、钻出、套挂”等五种手段作为创造基础(图 4-28)。

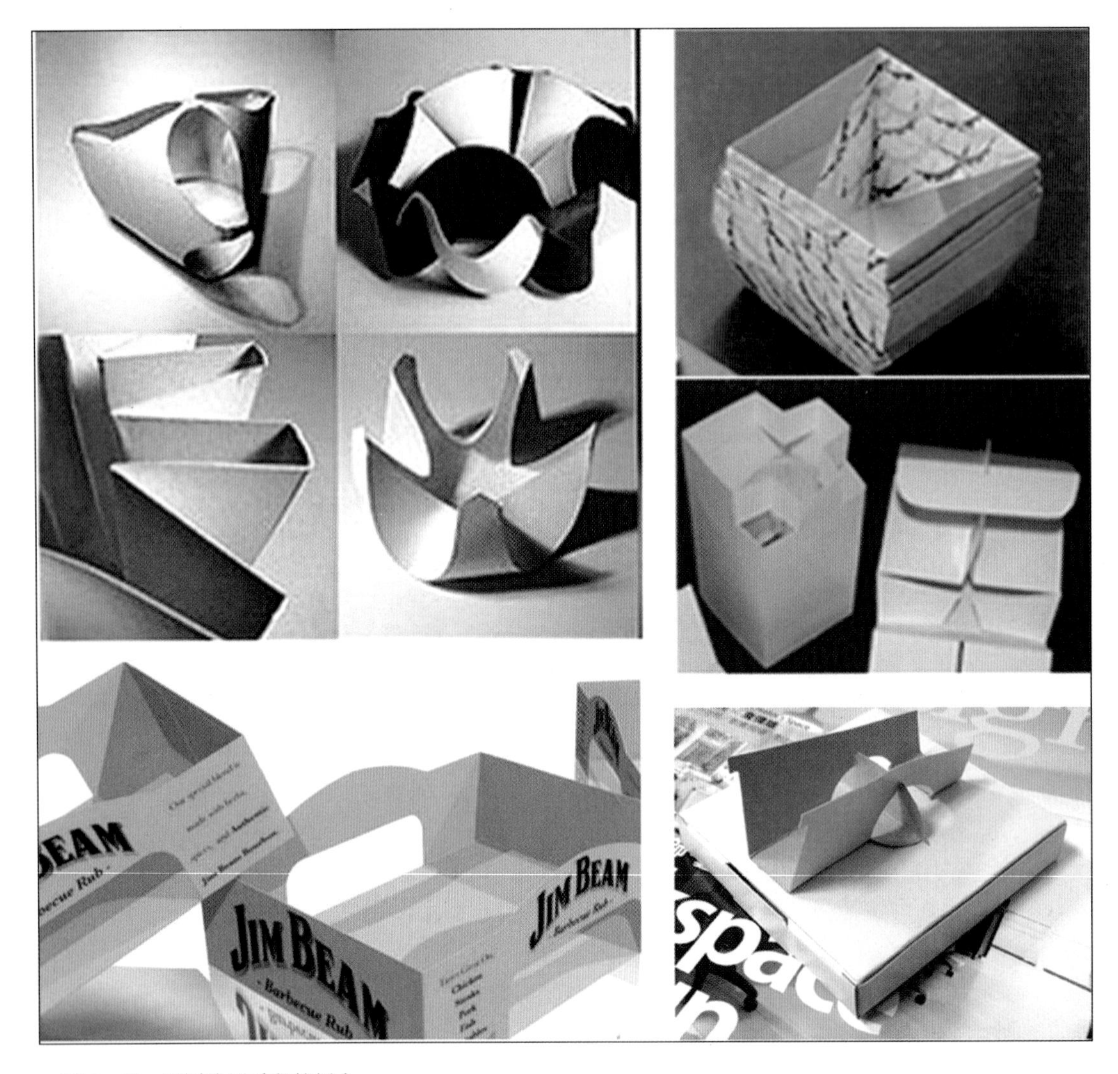

图4-28 不同造型手段的纸盒

① 折叠

折叠艺术是纸盒造型结构设计中最基本的立体组型技巧，在结构设计时运用易折叠的设计技巧围拢盒体。简洁易折的盒形设计便于工业化生产，也有一些特殊的几何形多面体盒型结构需要手工折叠，使其形成连接的盒体。

② 穿插

这是与纸盒造型结构的底部或封口部位密切结合的设计技巧，设计精确的割缝以及插口面形相互插入，具有抗压抗拉的物理性能，加固盒体各面形之间的组立。设计摩擦扣的刻划线痕一般通过直线、弧线等变化来固定盒子。穿与插往往相互作用在盒底和封口部位，利用纸张本身的弹力穿插加固盒体的强度，也是纸盒造型结构组立过程避免胶合而使盒型直立挺拔的技巧。

③ 粘合

在纸容器造型结构组立过程中，粘合固定使盒型更加坚固挺立。

④ 钻出

在纸容器底部和封口部位利用划痕钻出圆形或其他线性结构，纸张弹性原理会使盒子结合时产生拉力，也可以在纸容器某体面钻出不同结构，作为底托以缓冲内容物造成的压力。

⑤ 套挂

纸盒造型结构相互套挂，形成组立的技巧。

在纸容器造型结构设计中折叠、穿插、粘合、钻出、套挂等手段常常混合并用，通过几何性质的单纯型、复合型、特殊型等变化，或通过面形横向、垂直状延续、边向的三度方向发展，可以发展出千变万化的结构样式。

第二节　容器造型设计

包装容器造型设计是一门空间立体艺术。主要以玻璃、陶瓷、塑料等材料为主，利用各种加工工艺在空间创造立体形态。包装容器造型比较复杂，形式多变，设计者进行的是一种立体形态的创造过程。包装容器既具有实用价值，又具有审美价值。实践证明，只有掌握科学的设计方法，正确运用各种艺术造型设计原理，才能设计出新颖奇特富有个性的好作品，达到形态与功能、形态与艺术的完美结合。

在日常生活中，我们所用到的许多商品除去外面的纸盒包装，里面很多商品都是由容器盛装的，或者容器本身就是销售包装。如酒类、化妆品、洗涤用品、调味品等。在所有容器当中，塑料、玻璃和金属都是最常见的容器包装材料。在容器造型设计中，要考虑到空间、造型、材料、触觉、商品特性及审美等诸多因素，还要满足包装所应起到的基本功能(图 4－29)。

图 4－29　金属、玻璃、塑料不同材料的容器造型。

一、容器造型设计的基本原则

1. 符合商品特性原则

包装容器设计的实用性应该是设计时首先考虑的，在结构、造型上符合所装内容物的自然属性是实用性的具体表现。如，由于香水的易挥发性，所以香水瓶的瓶口应该小一些，这样香水味保存得更持久，而且倒出使用时也容易控制剂量。饮料类包装容器的容积最好根据一般人能一次性喝完的基本标准来设计，既不浪费资源，又便于消费者携带。

不同的商品有着不同的形态与特性，对于包装材料和造型的要求也不尽相同，因此需要有针对性进行设计（图4－30）。比如具有腐蚀性的产品不宜使用塑料容器而最好使用性质稳定的玻璃容器。有些商品不宜受光线照射，就应采用不透光材料或透光性差的材料。还有如啤酒、碳酸类饮料等产品具有较强的膨胀气体压力，所以容器应采用圆柱体外形以利于膨胀力的均匀分散。油脂等乳状黏稠性商品如果酱、护肤用品、药膏等，容器开口要大以便于使用。香水等易挥发性商品的容器设计则要考虑到减少挥发，尽量减少瓶口的尺寸。

2. 符合使用便利性原则

图4－30 不同类别商品包装容器造型设计。

容器在消费者携带和使用过程中充分体现出便利性，是企业通过产品展现其经营文化理念和社会责任感，树立

良好企业形象的机会。在日常生活中我们常会遇到很难开启的包装，相比之下携带和开启方便的商品就会得到消费者的青睐。一个精心设计的小小装置虽然会增加少许成本，但却给消费者带来很大的便利，这些也必将转化为效益(图 4-31)。

图 4-31　洗手液包装。开启方式采用弹性盖子结合按压方式实现，通过食指轻松按压即可挤出液体，操作方便，也有效地保证了洗手液的使用寿命，便于储存。

3. 符合视觉与触觉美感兼顾原则

容器造型是应该具有美感的造型，其造型形态与艺术个性是吸引消费者的主要方面。容器的造型性格与产品本身的特性应该是和谐统一的，比如女性用品的容器造型上的优美曲线及韵律节奏感的体现，男性用品的容器造型的直线、几何形、刚毅的视觉表现特征，儿童用品的容器可爱活泼的造型等。另外，当商品被消费者拿在手中时，其手感触觉也会给人带来审美的感受，其表面的光滑、细腻或肌理起伏都会传达出某些情绪与情感特征。触觉肌理与视觉造型的和谐统一，才构成了完整的容器造型设计的美感特征(图 4-32)。

图 4-32　可口可乐饮料包装容器。瓶形似手雷，很容易抓握，让人联想到“雷人”等辞藻，新鲜的视觉冲击使时尚一族爱不释手。

4. 考虑人体工学原则

容器设计的最终目的是方便人们使用，因此必须考虑到人在使用过程中手或其他身体部位与容器之间相互协调适应的关系，这种关系主要体现在设计尺度上。比如人类的手的尺度是相对固定的，手在拿、开启、使用、倾倒、摇等运动过程中，容器造型如何能使得这些动作方便省力，就构成了容器造型设计中尺寸把握的依据。有些容器设计还根据手拿商品的位置，在容器上设计了凹槽，或特别注意了磨砂或颗粒感等肌理的运用，这些都有利于手的拿握和开启的省力(图 4-33)。

图 4-33　清洁剂包装容器。在容器的顶部，根据人体工学原则设计了不同用途的按压结构，尺度合理，非常有利于拿握和使用。

5. 考虑工艺性要求原则

不同材料的容器加工工艺是不同的。有些材料的加工对造型有一定的要求，如果不考虑加工工艺的特点，可能一个很好的造型就生产不出来或者是大大增加了成本。作为设计师应该具备工艺性的一些基本常识，或与生产环节充分沟通，在造型设计时合理地设计线条、起伏和转折(图 4-34)。

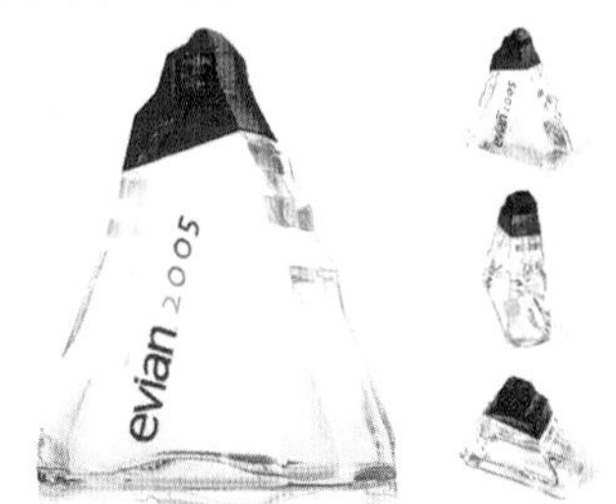

图 4-34　依云水包装。此包装形状简洁大方，是一件设计精美的艺术品，优良的切割工艺使瓶身侧面形成转折和折射关系，彰显了高雅的品位。

二、容器造型设计的方法与步骤

1. 容器造型的设计思维方法

包装设计属于平面视觉传达设计的范畴，而容器造型设计则是一个三维空间的立体造型设计，它离不开工业设计一般原理和形式美法则。包装容器设计需要结合容器的材料、加工工艺性、形态特征、功能要求等因素作综合处理，因此在设计的思维方法上也应该是多样式、多角度的考虑。

（1）体面的起伏变化

既然是三维的造型活动，就不应该仅限于平面视觉角度的曲线起伏变化，三维纵深的起伏变化可以加强审美的愉悦感。这种起伏变化在设计时应该考虑到不影响容器的功能性以及与商品特性之间的和谐关系（图 4－35）。

图 4－35　果汁包装。颜色与造型的完美结合。

（2）体块的加减组合

对一个基本的体块进行加法和减法的造型处理是获得新形态的有效方法之一。对体块的加减处理应考虑到各个部分的大小比例关系、空间层次节奏感和整体的统一协调。对体块进行减法切割可以得到更多体面的变化，做的虽然是“减”法，实际上却得到了“加”的效果（图4－36）。

图 4－36　DIESEL 香水包装。瓶体的剪切处理得到新的造型，别致有趣。

（3）仿生造型

在自然界中的人物、动物、植物、山水自然景观中，充满着优美的曲线和造型，这些都可以作为我们设计造型的构思参考。比如水滴形、树叶形、葫芦形、月牙儿形等等常被运用到造型设计当中，可口可乐玻璃瓶的造型据说也是参考了少女躯干优美的线条来设计而被人们津津乐道。人类的许多科技成果都是根据仿生学原理创造出来的，这也是一种很好的创造思维方法（图 4－37）。

（4）象形模仿

象形手法与仿生有所相似但也有所不同，仿生注重“神似”，是对形象造型的概括、抽象、提取，象形则更注重“形似”，通过一些夸张、抽象或变形，以使这种表现手法更加丰富，与产品的个性更加协调一致（图 4－38）。

（5）肌理对比

对比的手法可以使对比的双方都得到加强，利用这个原理，在造型设计时运用不同的肌理效果产生对比，可以增强视觉效果的层次感，使主题得到升华。如在玻璃容器设计中，使用磨砂或喷砂的肌理与玻璃原有的光洁透明产生肌理对比，这样不需要色彩表现，仅运用肌理的变化就可以使容器本身具有明确的性格特征（图 4－39）。

图 4－37　水滴造型容器。此容器造型采用自然生态中的水滴造型，经过变异之后得到，令消费者眼前一亮。

图 4-38　酒容器包装盒设计。盒体采用徽派建筑造型元素，通过新颖的开启方式，增加趣味性。

图 4-39　饮品包装设计。瓶盖的纹路设计为开启提供方便，也与瓶身的材质形成对比。

图 4-40　旅行杯容器包装。这款杯子主要为户外运动的人士设计，既保温又方便携带，瓶盖处的透空处理恰好形成提手。

（6）通透变化

一种特殊的“减法”处理，这种通透有的仅是为了求取造型上的个性，有些则是具有实际功能，比如与提手的结合(图 4-40)。

（7）变异的手法

是指在相对统一的结构中局部安排造型、材料、色泽不同的部分，使这个变异部分成为视觉的中心点或是创意的“画龙点睛”之笔，从而使整个结构富于变化，具有层次感和节奏的韵律(图 4-41)。

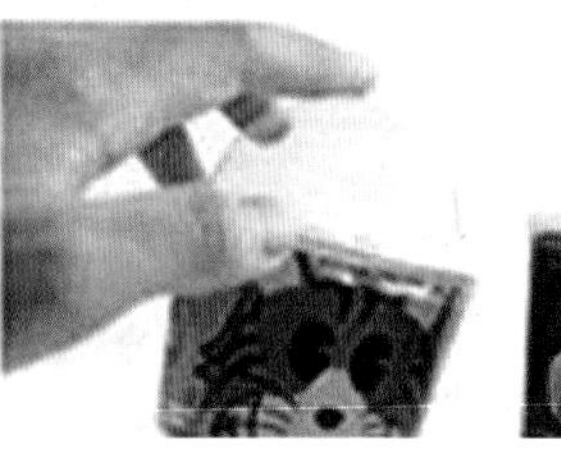

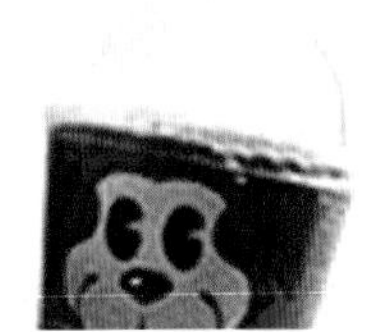

图 4－41　宠物造型小杯子包装。杯身图案与底座相映成趣，可以连接成整体的宠物形象，也可拆卸。

（8）包装盖的造型变化

在整体造型统一的设计前提下，盖的造型可以丰富多样，因为通常盖部并不承担装载商品的功能，而只起到密闭的作用，这给盖的造型设计提供了丰富变化的可能。通过精心设计，盖可以成为整体造型中的锦上添花之处，从而提高容器的审美性（图 4－42）。

2. 容器造型的设计步骤

容器造型设计从创意构思到制作模型不是一蹴而就的简单过程，在整个过程中须经过不断地修改完善以追求完美。一般的设计过程，都要经过前期调研、功能分析、构思、模型制作和结构图绘制这几个环节。具体步骤如下：

（1）调查研究

设计师首先要向商业、贸易部门了解商品消费地区的风俗、气候、环境、消费者层次及其爱好等情况。向制造部门了解产品的材料、性能、工艺流程、生产设备等，必要时可参加实习。向市场和用户了解该产品原来的使用情况，

图 4－42　多用途洗眼液包装。此容器包装的盖子装有按压结构，通过食指轻松按压即可开启和闭合，操作方便，符合人机工学。

以及对产品功能的反映。

尽可能多了解设计产品的发展历史，收集古今中外资料，分析趋势。特别注意多多采集其他国家的同类产品资料，以弄清国内外水平差异，总结和把握包装造型设计的流行趋势。

(2) 功能分析

消费者购买商品实际上是购买一种满足其生活需要的功能。在包装设计中，功能分析最为重要。设计师的工作就是要创造出实际价值更高而能实现同样功能的产品。做功能分析时需要不断提出如下问题：功能是否明确，功能是否最优，方法是否最优，增加或减少某一功能如何，功能怎样实现等。

(3) 构思与设计

草案和效果图是快速便捷地体现创意构思的表现方法，简便易行，对工具要求不高，可以不断变换和完善想法，便于修改。效果图通常要求表现出体面的起伏转折关系和大致的材质及色彩效果即可，它类似于“速写”，要求快速、准确、概括，使用的工具通常以铅笔、钢笔起稿，用水彩或马克笔等上色，不过具体使用什么工具，往往根据设计者本人平时的喜好和习惯来决定。

(4) 模型制作

效果图是在平面空间对容器造型的大致设想，对体面和空间的处理并不具体和完善，因此就需要制作立体模型加以推敲和验证。制作模型的材料主要有石膏、泥料、木材等，其中以石膏的运用最为普遍。随着计算机成型技术的发展，利用 3D 技术作为验证手段也是一种有效的方法，并且设计数据可以真实直接地反映到生产环节当中。

(5) 结构图

结构图一般是根据投影的原理画出的三视图，即正视图、俯视图和侧视图，有时根据需要还应该表现底部平视图和复杂结构的剖面图。结构图是容器定型后的制造图，因此要求标准精密，严格按照国家标准制图技术规范的要求来绘制。目前国际上通常借助相关的辅助设计软件来完成这部分工作。

三、不同材料的容器造型设计技巧

在包装容器造型设计中，除了纸包装容器占据一部分外，仍然有许多其他材料的包装容器，如：玻璃、塑料、金属、陶瓷、木材、竹子等，它们各自都有独特的个性，由于功能的不同，形态也不相同，一般可分为瓶、筒、杯、桶、罐、盘、袋、篓、箱、坛等。

瓶子造型的优点在于它可整体显示态势美感，既有静态的稳定感，也有动态的流动感。在设计瓶子造型时，一定要整体地考虑，瓶子的底、腰、身到肩、头及瓶口的造型，都要符合视觉重心的法则，给人以平稳、安定或挺拔秀丽感。要考虑各个部分之间的相互协调，尤其要注意瓶盖与瓶身的比例和呼应关系。有时一个吸引人的瓶子造型，最动人的部分恰恰就是瓶盖奇特的造型。设计得当的瓶形姿态优美、流畅，犹如婀娜多姿的少女；也有的如出水芙蓉般亭亭玉立。瓶子的造型是三维立体的设计，在设计时一定要从多角度进行观察、调整，以求从不同角度观看都有较好的视觉形态。

1. 玻璃瓶的造型设计

玻璃瓶在包装容器中占有相当的比例，其优良的物理特性和化学特性以及来源丰富、价格低廉、比较耐用、可回收再利用等特性，使其被广泛地运用到化妆品、食品、药品的包装上。玻璃瓶大多数呈圆形，但为了在造型上创新，也出现了有棱角的方形和异形瓶型，更加具有趣味性和生动性。玻璃瓶的视觉美感主要体现在它具有透明性、色彩性和折射反光性。无色透明玻璃，宛如清澈之水，晶莹透明，有冰清玉洁之感，如：高档香水瓶、酒瓶。有色玻璃所呈现出的颜色若隐若现，迷人夺目，尤其是玻璃磨砂或亚光处理，使冰冷的瓶子具有一种如同肌肤般柔和、滋润感，

图 4－43　化妆品容器包装。瓶身的半圆切角使容器充满动感，无色透明玻璃瓶因内部不同色彩的产品魅力十足，营造一种惊艳感，提高了产品的档次与品位。

图 4-44　百事果汁饮料瓶包装。统一的造型，百变的图案，使这个产品的系列包装更具有视觉感染力。

给人以朦胧含蓄之美，常用在女性化妆品容器设计中，令多少女性为之倾倒（图 4-43）。

2. 塑料瓶的造型设计

塑料瓶多细口，常用吹塑法成型。塑料容器可以是刚性或半刚性的，可以是透明或半透明的。主要用来包装液体或半流体，如：洗涤剂、化妆品、食品、饮料、调味品等。它具有质量轻、强度高、便于携带、不易破碎、耐热等特点，其柔韧性几乎超过其他所有的包装容器。塑料瓶具有一定的视觉美感，外观清澈明洁，表面光泽富有质感。由于塑料能适应多种加工工艺的要求，可以同样有多种形态的造型设计（图 4-44）。

3. 陶瓷瓶的造型设计

陶瓷瓶的历史相当久远，中国古代就用陶瓷瓶来装酒和药，一直沿用至今，如：中国名酒茅台酒就一直采用陶瓷瓶盛装。陶瓷瓶具有良好的物理特性和化学特性，经久耐用，成本低廉，取材方便，而且可以根据生产数量的多少，自如改变造型。便于上釉或彩绘，也便于生产加工成异形瓶型。主要加工成型方式为压模式和铸浆式，个别特殊的瓶型可以手工制作。陶瓷瓶的造型丰富多彩，变化多样，能做成比较复杂的造型，其材料本身所具有的质感、肌理，给人以亲切感，使人获得一份趣味盎然的视觉和触觉美感。设计时应注意瓶口的密封问题。由于有些程序必须用手工完成，因此不利于大批量生产。它一般用于高档礼品和地方特产的包装。陶瓷包装容器还能唤起人们心中某种怀旧的心情和抚慰人心的舒适感（图 4-45）。

图 4-45　酒容器包装设计。在陶瓷瓶身运用彩绘的手法附加优美的图案，给人的感觉清新怡人，沁人心脾，有效地提高了产品的视觉与触觉美感，具有很高的收藏价值。

*　　*　　*

本章小结：本章主要从纸容器包装和容器包装两个方面讲述了包装设计的立体形态设计要素。并结合图片，讲述了产品包装设计中纸容器造型的特征、结构分类及设计技巧，容器造型设计的原则、方法与步骤。通过图文结合的表述方法，读者应该了解产品包装设计的立体形态设计要素，也能够基本掌握纸容器造型的设计方法及容器造型的设计步骤。

习题：

针对某一品类容器的造型、材料、人体工学方面进行调查，设计一款包装容器，绘出草图、结构图，并进行电脑效果图和立体模型制作。

第五章　包装设计的文化特征与未来发展趋势

第一节　包装设计的文化性

英国的爱德华·泰勒曾说过:“文化是复杂体,包括人们制造的实物、知识、信仰、艺术、道德、法律、风俗,以及从社会上学到的能力与习惯。”简单地说,文化就是对于自然的创造。从广义上讲,文化既包括物质层面的东西,也包括精神层面的东西。就狭义而言,文化主要指精神层面的东西,如哲学、宗教、艺术、道德,以及部分物化的精神,如利益、制度、行为方式等。

现代包装设计具有了对应市场的文化特点,是当地人们的价值观念、道德规范、生活习惯、美学观念等的体现。现代包装设计随着产品本身的发展和社会选择的多样化,突破了传统包装主要用于容纳和保护产品的基本功能。在强调以文化为导向,注重产品外在形态的艺术审美和形象带来的消费者利益感知的同时,突出了产品的标志化和个性化。

一般来说,酒类产品比起其他商品更具文化特征(地域风情、产品历史、酿造工艺等),而这些文化特征正是通过容器造型这一媒介传递给消费者的,使消费者通过容器的外观、色彩、图形等来了解酒的文化背景和独特的含义,所以容器的艺术性对酒类产品而言至关重要,它已成为酒类包装不可分割的一部分。容器造型在展示其艺术魅力的同时,把不同的文化背景包含在设计中,让消费者不单是在消费物质,同时更能领会到更深层次的东西。“剑南春酒”的蓝色瓷瓶,造型幽雅,色泽细腻,体现出了南方的地域特色;“张弓酒”的乐器编钟造型,古典高雅,生动地展现了中国古老音乐艺术的魅力;“孔府家酒”的彩陶样式,反映出了我国北方传统的民族风格和艺术特色。这些酒产品由于其容器造型颇具艺术性,附带着深深的文化底蕴,

图 5 - 1　名酒包装。不同的酒文化背景延伸出不同的容器造型，地域特色浓厚，企业理念得以准确地传达。

深受消费者喜爱。如今不少消费者买酒不为品尝，只为收藏其酒容器。容器造型对酒类产品的价值创造在此可见一斑(图 5 - 1)。

有很多商品本身是很有文化底蕴的，但是由于设计者缺乏对该产品历史及人文内涵的了解，设计出的包装往往不能彰显产品的品位。一旦一种产品的包装设计能够将其本身具有的文化内涵复原，往往就会使消费者折服，从而备受消费者关注和青睐。包装设计在当前解决的不仅仅是简单的产品包装、保护产品的任务，将设计师的作用仅仅理解为是利用艺术设计手段将产品包装起来并予以美化，从而协助企业获取更大商业利润的观念是片面的和狭隘的，包装设计需要解决的一个重要问题就是如何通过设计创新来促进包装的“可持续性”并与社会文化、自然环境状态的健康存在达成协调和统一。就包装而言，发展的眼光、循环的意识和再生产的观念，以及人与环境和谐相处、友好共生的问题，都成为包装设计师所面临的新问题，也是他们的使命。值得高兴的是中国深厚的历史文化积淀，为设计师寻找理论来源和探索解决之道，提供了丰厚的物质和文化基础。在中国传统文化中蕴涵着博大的哲学思想，反映着祖先朴素的和谐观。传统文化观念中的平衡发展、和谐共处的观念对于我们当今倡导的和谐社会的发展目标有积极的现实意义。

第二节　包装设计的民族化与国际化

包装设计与民族文化内涵的关系密切。世界上每一个民族由于受不同的自然条件和社会条件的制约，都形成与其他民族不同的语言、习惯、道德、思维、价值和审美观念，所以必然形成与众不同的民族文化。包装设计文化的民族性主要表现在包装设计文化结构的观念层面上，它反映了整个民族的心理共性。不同民族、不同环境造成的不同文化观念，直接或间接地表现在自己的设计活动和产品中。

世界各国的设计中所呈现的文化心理差异、文化风格、文化情调、消费文化趋向、文化品牌的建立反映了其文化母体的民族特征。德国是工业设计运动的摇篮，包豪斯的设计教学形成了一种设计文化传统，即现代设计的理性、严谨、一丝不苟，映射出德国深厚的哲学传统和精神；北欧国家现代设计所流露出来的自然、低调、适度，对应了这些国家文化中理性、自然、简约的文化气质，突出人与自然的和谐共处的关系，造型既重功能，又富有人情味，给人清新的感受；英国的优雅、精致、讲究、华丽的浪漫主义色彩，同样彰显出他们的文化特质；美国，其现代设计中所表现出的不拘小节、追求实用的设计风格，浸透着当今最为发达的工业强国的实用主义思想；对传统材料的再开发和再加工方式在日式包装中呈现出明显的视觉特征，传统设计的很多语言在现代包装中都有体现。

包装的民族化是指具有民族特色的审美方式的包装，它可以从包装的色彩、形式、材料的运用等方面体现。以黄色为例，在东方代表尊贵、亮丽，而在西方基督教徒则视为耻辱；而红色，在东方象征热烈、吉庆、积极，而在西方作为战斗象征牺牲。就包装材料而言，国外包装容器喜欢选用玻璃、金属、塑料等科技含量高、工艺性强的材料，做工精致讲究。而中国包装容器多选用天然材料，用竹、木、纸、陶瓷等，朴实、自然，比金属与塑料更感亲切(图 5-2)。

具有中国特色的民族风格包装设计的传统文化特色主要体现在以下几个方面：

1. 形体结构

由于受传统工艺美术品的影响，民族风格包装多借鉴青铜器、彩陶、瓷器以及民间民俗文化中的葫芦、龙灯等形体结构来设计制作容器和外包装形象，使其具有审美的传承性和丰富的民族文化意味。

图5-2 西方与东方包装容器的使用材料对比。

图5-3 印泥包装设计。此设计充分汲取了徽州地域特色元素，运用民间图案和色彩进行装饰，意在表达产品实用的内在品质。（黄山学院学生作品 作者：李杰 指导教师：李春燕）

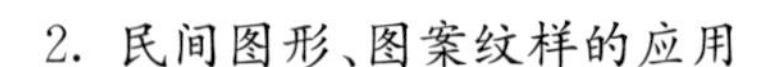

2. 民间图形、图案纹样的应用

民间工艺美术图形装饰性极强，简洁单纯、稚拙生动，具有深厚的民俗背景与生活色彩。民间美术中蜡染、扎染、织染、剪纸、脸谱、彩画、皮影图形更是被广泛应用于传统包装设计之中。图案纹样是包装设计中常用的一种装饰手法，也最能体现民族风格的艺术效果，如云纹、彩陶纹、砖画纹、铜器纹、藻井纹等，都是极具民族风格的典型图案纹样（图5-3）。

3. 中国书画艺术及金石篆刻的应用

中国绘画题材广泛、风格多样，丰富的民间绘画艺术，如壁画、年画等形式，亦具有浓烈的东方艺术装饰美与鲜明的民族风格。汉文字源于图像，极具装饰意味，能很好

图 5－4　风土纪粽子包装设计。充分运用传统年画的图案特征和色彩进行表面装饰，具有典型的中国特色；巧妙的造型保证了食品具有良好的通气性，有效延长了保质期。

图 5－5　徽味烧饼包装。烧饼是中国的传统食品，本设计由棋子和棋盘得到启发，采用纸张进行个体包装，在大的包装盒中整齐排列，并用绳结形式固定，使整体设计显得朴实自然，充满乡土气息，给人一种亲切感。（黄山学院学生作品　作者：黄子娣　指导教师：李春燕）

图 5－6　缘梦喜糖包装。本设计采用中国民族色——红色及中国的传统图案纹样进行包装，营造一种喜气洋洋的气氛。（黄山学院学生作品　作者：周艳洁　指导教师：李春燕）

地表达商品特性。篆书古朴高雅，隶书稳健端庄，草书奔放流畅，宋体字工整，黑体字极具力度……篆刻印章则具有集书、画、雕刻为一体的独特装饰效果。中国书画艺术及金石篆刻在包装设计中的应用，亦能突出传统包装商品的文化品位与民族特征（图 5－4）。

4．自然材质的运用

自然材料如竹、木、席、草、叶在传统包装容器中应用较多，同时绳线还可以编制出各种具有寓意与象征性的绳结来丰富包装形象（图 5－5）。

5．色彩应用的审美传承性

在民族风格的包装设计上，多利用古代习用的某些色彩，如民间流传的色彩红、黄、绿、金等象征吉利、喜庆（图 5－6）。

当今信息社会时代下，以网络平台为基础，包装设计所呈现的视觉信息对于全世界各个种族、地区或国家的人民都能读懂、理解并接受，这被称为包装设计的国际化现象。这是成功包装设计必备的一个前提条件。包装容器所呈现的指示开启、闭合、使用方法等功能信息应该能使不论国内还是国外的消费者拿在手中都一目了然，轻松掌握。

第三节　包装设计未来发展趋势

随着经济的发展和社会的进步，包装设计的发展也经历了不小的变革。20 世纪 60 年代以来，包装材料和包装机能不断地演进，使包装成为促进销售的现代媒体，一切商品变得分外追求包装效果，促进了包装工业的发展。20 世纪 70～80 年代，回收再利用的包装观念应运而生。日本包装设计行业首先倡导“适合的包装”之设计理念，即包装设计要“轻、薄、短、小”。这一观念逐渐影响全世界的包装设计行业，至今，选择适当的材料，设计合适的大小，仍然成为包装设计所追求的目标。20 世纪 90 年代后，科技的发展带动了新的市场秩序，随着流通比率的增加，环境的负荷量也随之加大。环境保护成为全球关注的热点，包装设计被披上了浓重的“环保”色彩。欧洲包装进而提倡“绿色主义”，如“绿色食品”、“绿色包装”的呼声越来越高。为尽量避免包装可能带给人类的副作用，以及节省天然资源和减少资源消耗，各发达国家纷纷制定改革政策，采取措施。如要求包装符合 4R：Reduce（减少材料用量）；Refill（增加大容器再填充量）；Recycle（回收循环使用）；Recover（能量再生）。这些相关的政策迎合了今后包装设计的新导向。

如今人类已进入 21 世纪，现代包装设计的趋势已指向全球性的环保原则，同时，也日益从重视功能性、合理性转到重视情感、人性化的方面。工业化时代发展到信息化时代之后，情感交流上的匮乏将是重要问题，因此，包装设计不仅得适应基本的功能性，还要从人的生理及心理舒适协调出发，努力追求人—机—环境系统的平衡与一致。注重包装结构、包装色彩、文字、图形以及其编排形式等视觉传达要素与消费者的亲和关系，从而使人获得生理上的舒适感和心理上的愉悦感，这是现代包装设计的必然趋势。

包装设计经过自然包装、原始包装、传统包装和现代包装时代，迎来了后现代包装时代，包装加工多为机器生产，效率奇高，包装的目的不再单纯，成为寻求商品附加值的重要途径。包装重点在于文化观的多重性追求以及高科技的直接影响，环保、绿色、动态等观念在包装设计中频频显现，包装的概念多元化了，包装的形态也随之未来化了。

一、以人为本的设计追求

现代社会最明显的进步在于，人类对自身生命和舒适感的重视，以及对人性化的追求越来越高。这一点也影响并形成了包装设计的诸多观念和设计思维。包装在满足了产品对其的基本需要外，在设计中还必须面对使用者，在开启的简易性、携带的便利性、存储的长久性、尺度的适宜性、使用引导的合理性、平面设计的审美性上都会进行更高的追求，并通过形状、文字、色彩、图形以及技术结构等各个角度的表现去亲和使用者，使其感到舒适、便利。从企业间竞争的角度看，人性化追求提升了企业形象、产品形象；从社会发展的角度看，这是人类生活水准和质量提高的象征，是社会进步的反映。

二、高社会责任感的设计体现

一般情况下，包装在完成了盛装、包裹、保护、搬运、存储等功能后，绝大多数情况下会被作为废物进行丢弃，这也是自然环境之所以日趋恶劣的原因之一。因此，“绿色设计”的概念从 20 世纪 70 年代中期便开始出现，并逐渐成为舆论的中心话题。由于日益恶化的自然环境所引发的问题越来越多，大众的生态环境保护意识逐渐加强，此现象对包装这一附加物质的设计观念具有直接的冲击，节约与环保等道德层面的文化观念上升得极快，反对过度包装、提倡材料环保成为主流思维。在日本，甚至出现了无设计、无印刷的回归式的朴素包装，只单纯体现保护与运输等基本功能，除了理念超前外，商品的价格也非常具有竞争力。天然、可回收、便于清洁、可重复使用的包装开始替代一次性包装对自然的耗费，成为包装设计的新理念和新的追求。绿色设计的观念已经被提升到与人类未来环境、生命攸关的高度来认识了。

环保理念应该成为设计师的常态思维方式，绿色设计是实现人性化设计的根本保障，在满足人类需求的同时，伴之而来的是大量的资源与环境被破坏的问题，这使得人们不得不关注产品在生产和使用过程中资源的消耗以及环境污染问题。减少环境污染和能源消耗是绿色设计的目标，体现了设计师的道德和社会责任心的回归。只有本着"绿色设计"的原则，才能体现出"以人为本"的人性化设计原则。例如：可再生资源的利用——使用何种材料，何种包装形式，要视产品的特性，不一定要复杂，相反的使用经济的材料和简易的手法最实际。最重要的是能够有效地保护产品和满足相应的包装需求，所以往往利用可再生资源材料设计的包装是实而不华的简易设计，也符合设计伦理的观念，即不污染环境，易于回收和再利用，以及节能的设计理念等。

目前国际潮流的时尚是崇尚自然。在发达国家古朴、单纯、带有显著原生态特征的再生纸制品作为包装材料大行其道。一些新兴市场经济国家在十几年前也出现过消费品过度包装的情形，随着经济的发展、消费理性的日益成熟，公众对包装的审美取向也发生了重大的变化，包装潮流也转向崇尚自然，提倡生态、环保。

在我国，随着经济的不断发展、各种规章制度的不断完善，市场理性也逐渐成熟起来。针对近几年中秋月饼过度包装比较严重的情况，设计师们开始主张适度包装。北京、上海等城市市场的月饼包装已经开始越来越简洁和自然。适度包装应该至少有三个功能：首先是保护商品，产品离开生产线而成为商品进行销售，从时间上往往要经过几个月，甚至更长时间。从运输和储藏方面讲，要保证商品以良好状态到达消费者手中，保证它外观完整、品质不变，比如月饼不能碰坏，茶叶要保证不沾染异味等。其次是传达信息，要传达商品外观本身说明不了的信息，比如单看成品月饼，消费者不能知道月饼的馅料是什么，因此生产厂家、品牌、生产日期、制作原料添加成分等对消费者来说非常重要的信息也需要包装来传达。第三是吸引购买和消费的视觉艺术性。这样，具有充分包装功能的消费品会更多地以自然、简洁、清纯的时尚面貌带给人们更多的生活享受。

在竞争激烈的商业市场中，在投机心理的驱使下，一些商家或企业在包装设计中采用模仿、抄袭等侵权行为，以期快速地在商品流通中获得高额利润。虽然这是文明社会所不齿的行为，但在目前的社会风气下仍然不可避免此类情况，因此在许多包装中防伪性设计成为必须的环节，这也是一种无奈的选择。因此，除了生产、销售者要遵守行业操守外，设计师的职业道德水准也应提到社会责任的层面上来看待。

三、民族化的设计追求

各种民间生活中的包装是人类向自然学习的继续，是智慧、传统、文化的结晶。任何艺术的形式决不会轻易放弃其传统特性，其实所谓的民族风格和形式，是在更大程度上顺应了广大人民喜闻乐见的习惯。随着生活习惯的变化，旧的形式不能够满足当今人们的需求需要。在民族风格的基础上加入创新的元素。为了使消费者能够接受推陈出新的产品，在包装设计中，既要开拓新的设计款式，又要体现原有的传统文化特色，从而与现代人的审美和生活需求相结合。从某种角度来看文化的发展，民族传统中饱含着深层的感情，整个世界都出现了文化回归的现象。民族的元素正是现代设计中不可缺少的重要因素和支撑。当今时代，设计师们已经将注意力转向自己本民族的文化，极力将其与现代艺术融为一体，这种回归意识与设计意识相结合，体现了民族的审美情趣。由于世界各国文化上的差异，有时会出现理解与文化上的距离，这种距离往往又会使人由于新鲜感而产生兴趣。因此，在国际大市场中，以民族为本位的设计战略思想越来越受到重视。

四、以体验为导向的交互式设计观

交互设计，作为一种新的设计理念和方法，是研究人工制品、环境和系统的一种行为，以及传达这种行为的外观元素的设计和定义。它与传统设计类别最大的不同是，它更多关注的是人或物、人与物甚至人与人之间的行为和内涵，而传统的设计更多的关注于内容和形式。同样，交互式包装设计不只是关注视觉形式和是否能吸引消费者购买，而是更多地侧重于研究消费者对待包装的拆解方式及用力程度，使包装的结构上趋向于合理，同时也能使消费者轻松愉快地使用产品。

包装的发展带来的不只是视觉形式的多样化，包装手法也随着技术的进步而不断发展，如智能型包装，可以对环境因素具有识别和判断功能，它可以识别和显示包装空间的湿度、温度、压力以及密封的程度、时间等一些参数。交互式包装还使用多种方法增加使用的趣味性，如一些感觉包装，可以让消费者对包装有多重的感官触觉。比如说，有的感觉包装提取内部产品的气味来吸引客人，如烤面包、巧克力或水果气味，提取出的气味被融合在胶粘剂或涂料中，使整个包装部充满了诱人的味道。一方面设计变得多样，感性化和智能化的包装设计受到一些追求个性的消费者的喜好，更好地满足了包装功能上的要求，方便了消费者的使用，满足了消费者不同的需求。另一方面多样的包装设计不确定因素不断增加，给消费者使用带来了众多麻烦。比如：智能包装材料通常包括光电、热敏、湿敏、气敏等功能材料，而这些是传统包装没有的，消费者面对这些新式的包装设计不知所措，导致了消费者对于新技术不再乐观，甚至有了一份恐惧感，因而在思想上和生活上对“秩序”的需要也更加迫切，使意在创造秩序的设计上升到举足轻重的地位。

在包装设计中如何处理好人与新技术的关系，是未来新型包装设计需要解决的问题。而交互式包装设计正是可以缓解这个矛盾，在使用新的包装技术前，对新型包装材料、结构与形式对产品的质量和流通安全性进行积极的干预与保障，同时对消费者使用行为进行了解，观察消费者的使用新型包装的过程，以便在设计中合理地引导消费者使用该包装。

五、创新观念与新技术的设计追求

在信息发达的现代社会中，媒体从单一性走向多元性，从静态走向动态，从单向性走向互动性。消费者不再满足原有的包装形态，对包装设计存有更高的期望，包装设计工作面临着新技术环境下的诸多新课题，包装设计的创新成为一种必然。

包装设计的创新多从材料、结构上展开，尤其以动态变化和互动变化为多，将人与包装的关系引入新的境界。例如，一些包装盒在完成了包装的功能后，可以通过结构的调整变为储物箱等再利用物；再如，一些包装材料可以根据环境温度变化调整其色彩，甚至感应周围色彩而变化自身的颜色，从而突出其在货架上的效果。这些新型包装带来了包装观念的颠覆性改变，也是一种未来趋势的反映。

在这个求新求异的时代，为满足消费市场的风云变化，包装设计工作在不违背社会公德、法律限制的前提下，有着无止境探索的可能性。

*　*　*

本章小结：本章主要讲述了包装设计的文化性、民族化与国际化特征，并在此基础上分析包装设计的未来发展趋势。通过讲解，读者应该能够站在国际化的理论高度和民族化的角度理解包装设计的发展现状，也能够了解包装设计前沿的发展动态，主要以绿色包装和交互式包装为主。

习题：

设计一件食品小包装，绘制展开图、结构图及效果图，制作实物模型。要求具有良好的包装功能，体现商品特性，达到一定的视觉效果，并具有民族性特征。

第六章　包装设计的印刷与工艺

印刷是使用印版或其他方式将原稿上的图文信息转移到承印物上的工艺技术。包装印刷指在包装材料、包装容器上印刷各种图文的统称，国家标准（GB9851.1—90）规定为“以各种包装材料为主要产品的印刷”。它是印刷工业中一种涉及面广、工艺复杂、具有特殊风味的印刷方法；它既有与一般印刷方法相同的技术工艺，又有与一般印刷方法不同的特殊工艺。包装印刷是印刷中的一种，是相对于书刊印刷而划分的。

在现代包装工程中，在包装材料及包装容器上印刷各种图文信息是包装品生产中的一个重要环节，包装印刷在包装工程中占有重要地位。对包装设计来说，最大的制约条件就是印刷。一个良好的设计方案，要采取与其相适应的工艺条件来实现预期的效果，因此，对于一个包装设计师来说，仅掌握一般的设计规律与应用软件是不够的，对于一些有关印刷的工艺与原理，设计师不仅要知道还要学会利用，以使设计符合生产。设计师要在有限的工艺条件下，无限的发挥自己的表现力，做到既不超越工艺条件，又便于制版印刷，减少印工，节约版次，缩短工时，在达到理想效果的同时，又节约了制作成本。反之，如果不了解这些工艺条件，我们精心设计的“杰作”最后都成了无用的垃圾，因为它难以制版印刷，对企业生产者和国家都造成了不必要的浪费。

第一节　印刷的要素

传统的模拟印刷，必须具有原稿、印版、油墨、承印物、印刷机械等五大要素，才能生产印刷成品。

一、原稿

在印刷领域中，制版所依据的实物或载体上的图文信息叫原稿。原稿是制版印刷的基础，原稿质量的优劣，直接影响印刷成品的质量。因此，原稿质量的好坏，直接影响印刷成品的质量。所以在印刷之前，一定要选择和制作适合于制版、印刷的原稿，以保证印刷品达到质量标准。原稿有反射原稿、透射原稿和电子原稿等。每类原稿按照制作方式和图像特点又有照相、绘制、线条、连续调之分。

二、印版

印版是用于传递油墨至承印物上的印刷图文载体。将原稿上的图文信息制作在印版上，印版上便有图文部分和非图文部分，印版上的图文部分是着墨的部分，所以又叫做印刷部分，非图文部分在印刷过程中不吸附油墨，所以又叫空白部分。

印版按照图文部分和空白部分的相对位置、高度差别或传递油墨的方式，被分为凸版、平板、凹版和孔版等。用于制版的材料有金属和非金属两大类。

1. 凸版

印版上的空白部分凹下，图文部分凸起并且在同一平面或同一半径的弧面上，图文部分和空白部分高低差别悬殊。常用的印版有：铅活字版、铅版、锌版以及橡胶凸版和感光树脂版等柔性版。

2. 平版

印版上的图文部分和空白部分，没有明显的高低之差，几乎处于同一平面上。图文部分亲油疏水，空白部分亲水疏油。常用的印版有用金属为版基的PS版、平凹版、多层金属版和蛋白版以及用纸张和聚酯薄膜为版基的平版。

3. 凹版

印版上图文部分凹下，空白部分凸起并在同一平面或同一半径的弧面上，版面的结构形式和凸版相反。版面图文部分凹陷的深度和原稿图像的层次相对应，图像愈暗，凹陷的深度愈大。常用的印版有：手工或机械雕刻凹版、照相凹版、电子雕版凹版。

4. 孔版

印版上的图文部分由可以将油墨漏印至承印物上的

孔洞组成，而空白部分则不能透过油墨。常用的印版有：誊写版、镂空版、丝网版等。

三、承印物

承印物是能够接受油墨或吸附色料并呈现图文的各种物质的总称。传统的印刷是转印在纸上，所以承印物即为纸张。

印刷用纸有：新闻纸、凸版纸、胶版纸、胶版印刷涂料纸、凹版纸、周报纸、画报纸、地图纸、海图纸、拷贝纸、字典纸、书皮纸、书写纸、白卡纸等等。

随着科学技术的发展，印刷承印物不断扩大，现在远不仅是纸张，而包括各种材料，如纤维织物、塑料、木材、金属、玻璃、陶瓷等等。

目前，用量最大的是纸张和塑料薄膜。

四、印刷油墨

印刷油墨是在印刷过程中被转移到承印物上的成像物质。承印物从印版上转印图文，图文的显示是由色料形成，并能固着于承印物表面，成为印刷痕迹。

油墨按印刷版型分类有：凸版油墨、平版油墨、凹版油墨、网孔版油墨、专用油墨、特种油墨。

凸版印刷油墨：书刊黑墨、轮转黑墨、彩色凸版油墨等；

平版印刷油墨：胶印亮光树脂油墨、胶印轮转油墨等；

凹版印刷油墨：照相凹版油墨、雕刻凹版油墨等；

网孔版印刷油墨：誊写版油墨、丝网版油墨等；

特种印刷油墨：发泡油墨、磁性油墨、荧光油墨、导电性油墨等。

五、印刷机械

印刷机械是用于生产印刷品的机器、设备的总称。它是现代印刷中不可缺少的设备。因印版的结构不同，印刷过程的要求也不同，印刷机也按印版类型的不同分为：凸版印刷机、平版印刷机、凹版印刷机、孔版印刷机、特种印刷机等(图 6 - 1)。每种印刷机又按印刷幅面、机械结构、印刷色数等制成各种型号，供不同用途的印刷使用。

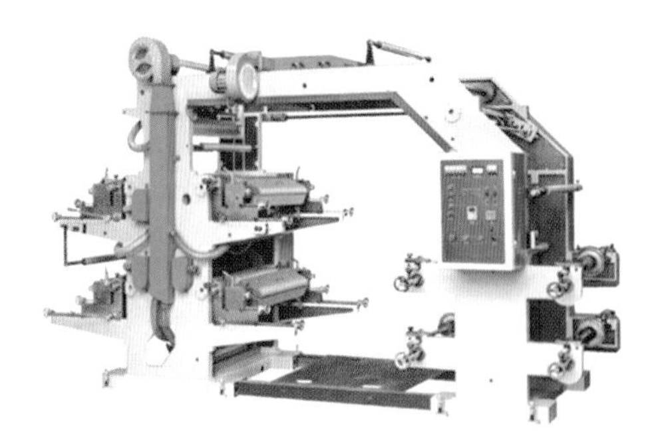

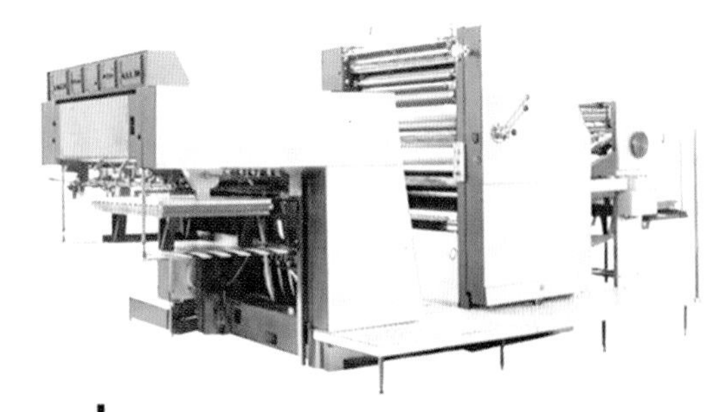

凸版印刷机　平版印刷机
凹版印刷机　孔版印刷机

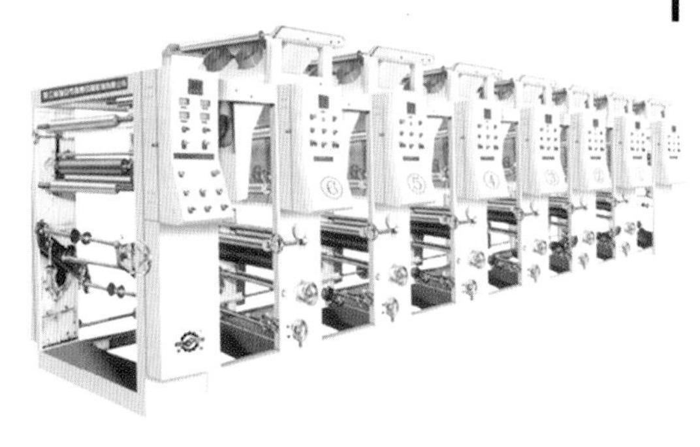

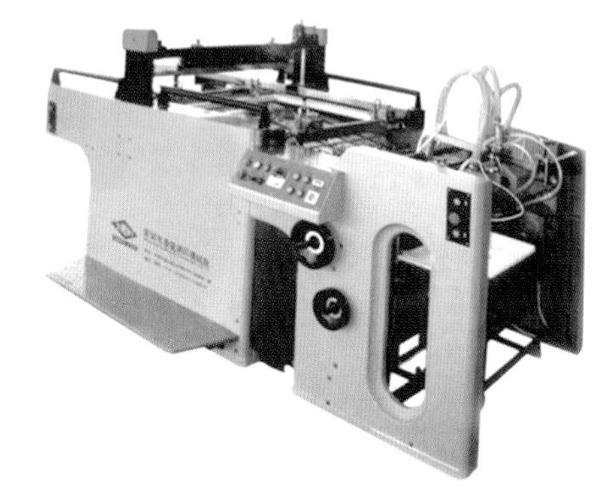

图 6－1　印刷机

这些印刷机中，除平版印刷机有输水装置外，它们都由输纸、输墨、压印和收纸等主要装置组成。

第二节　包装印刷的特点及工艺流程

包装印刷的图文信息多为有关产品的介绍、品牌、商标、装潢图案、广告、产品使用说明等，因此要求包装印刷品墨色厚实、色泽鲜艳光亮、层次丰富、说明性和感染力强。包装印刷既有与普通印刷相同的工艺与技术，又有其突出的一些特点。

一、包装印刷的特点

1．包装印刷承印物种类多样

包装印刷的承印物一般以包装容器和包装材料为主，除普通的纸张、金属、塑料外，还有木材、玻璃、陶瓷、织物等，形状也多种多样，有普通的纸张类平面型承印物，也有较厚的纸板、纸箱及各种不规则形状和性能的承印物。

2. 包装印刷方式多样化

除传统的平版印刷、凹版印刷、凸版印刷、孔版印刷等四大印刷方式外，包装印刷还大量采用各种特种印刷方式和印刷后加工方式。

3. 包装印刷品质量要求高

这是由包装物的复杂商业化特点决定的。

二、包装印刷的基本工艺流程

印刷品的生产，一般要经过原稿的选择或设计、原版制作、印版晒制、印刷、印后加工等五个工艺过程。也就是说，首先选择或设计适合印刷的原稿，然后对原稿的图文信息进行处理，制作出供晒版或雕刻印版的原版(一般叫阳图或阴图底片)，再用原版制出供印刷用的印版，最后把印版安装在印刷机上，利用输墨系统将油墨涂敷在印版表面，由压力机械加压，油墨便从印版转移到承印物上，如此复制的大量印张，经印后加工，便成了适应各种使用目的的成品。现在，人们常常把原稿的设计、图文信息处理、制版统称为印前处理，而把印版上的油墨向承印物上转移的过程叫做印刷，这样一件印刷品的完成需要经过印前处理、印刷、印后加工等过程(图 6－2)。

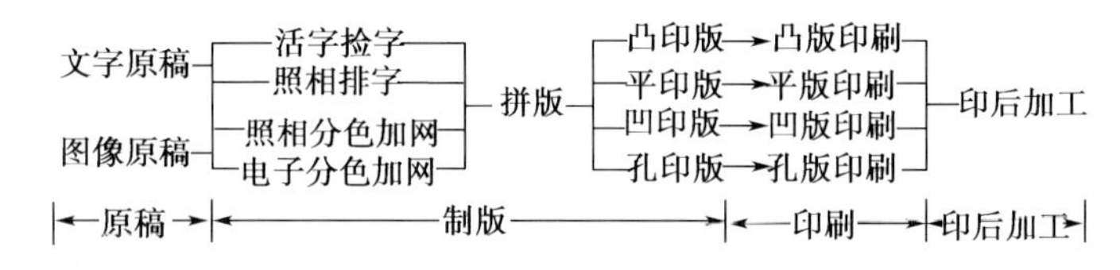

图 6－2 包装印刷流程

从原稿获得包装印刷复制品，一般要经过印前处理、印刷和印后加工等复制过程。

1. 印前处理

印前处理就是根据图像复制的需要，对文字、图形、图像等各种信息分别进行各种处理和校正之后，将它们组合在一个版面上并输出分色片，再制成各分色版，或者直接输出印版。

原稿类型的不同，所采用的印前处理技术方法也有所不同，如黑白原稿的印前处理，它只需对图像信息处理后，输出一张制版底片，然后制成一块印版，但如果是彩色原稿，印前处理除对图像本身进行各种校正外，还要对图像进行分色处理，输出黄、品红、青、黑一套分色片，再制成黄、品红、青、黑一套印版。另外，若是连续调图像原稿，则还需对图像进行加网处理。

2. 印前图文处理的要素及特征

印前图文处理是要对需复制的各种图文信息进行适当的处理之后，输出图文质量和版式都符合复制要求的、图文合一的晒版底片或印版，因此印前图文处理的主要对象是文字、图形和图像。

文字在包装装潢设计中具有重要的作用，它与图形、图像构成了装潢设计的三要素。文字在传达信息的过程中，不仅给人直观的视觉印象，而且给人美的感受，使人对商品产生完整、良好的视觉印象。包装印刷中对文字的复制就是要将文字按所设计的要求，准确无误地、清晰地再现出来。

印刷中的图形通常是指原稿图像中没有明暗层次变化的二值图像，它由点、线、面等基本元素构成。对图形的复制，一般要求均匀清晰地再现所有二值元素，而且应达到一定的密度大小。

图像是人类用来表达和传递信息的最重要手段。现代图像既包括可见光范围的图像，又包括不可见光范围内借助于适当转换装置转换成人眼可见的图像。一幅图像能传递某一具体的信息是由其阶调、色彩和清晰度三大特征决定的。

3. 印刷

印刷是利用一定的印刷机械和油墨将印前处理所制得的印版上的图文信息转移到承印物上，或者直接将印前处理的数字页面信息转移到承印物上，从而得到大量的印刷复制品。若是单色原稿，则将印版上的图文一次转移到承印物上即可，而若是彩色原稿，则印刷时要将黄、品红、青、黑四块印版上的图文分别用相应颜色的油墨先后叠印到承印物上，获得彩色印刷品。

4. 印后加工

印后加工是将印刷复制品按产品的使用性能进行表面加工或裁切处理，或制成相应形式的成品。

第三节　包装印刷的种类

一、凸版印刷

长期以来凸版印刷被广泛地应用于包装装潢中。我国包装装潢印刷由低级逐步向高级发展，首先就是从凸版印刷开始的，然后在其他印刷方式中得到发展，并使各种印刷方式协作配套，从而使包装装潢印刷工艺逐渐趋向完美，以适应现代化包装装潢技术发展的需要。

1. 凸版印刷的原理

凸版印刷是历史最悠久的一种印刷方式，起源于我国隋朝的木刻雕印。印刷时，印版的图文部分与墨辊接触而着墨，由于空白部分低于图文部分而不与墨辊接触，不会黏附油墨，当承印物与印版接触，并受到一定压力的作用，印版上图文部分的油墨就可转移到承印物上得到复制品（图 6－3）。

2. 凸版印刷的主要特点

（1）凸版印刷是一种直接印刷方式，印刷过程中印版

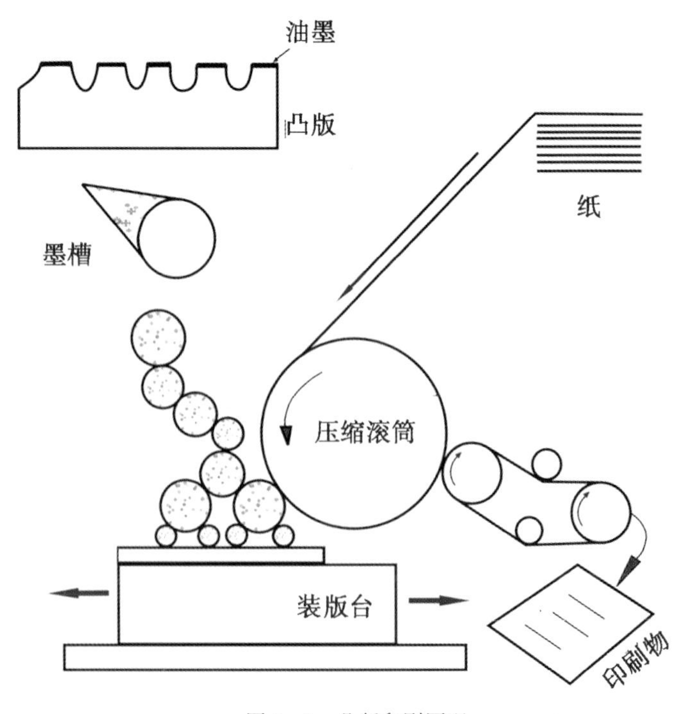

图 6－3　凸版印刷原理

上的油墨被压挤入承印物表面的细微空隙内，使表面比较粗糙的承印物也能印出轮廓清晰、墨色浓厚的效果来；

（2）凸版印版制版方便，耐印力高，印刷幅面较小，一般印刷机械面积小，机动性强，所以比较适合于包装装潢印刷的品种多、批量小的特点；

（3）凸版印刷对承印材料的适应范围较宽。包装装潢印刷应用的纸张，从一般薄纸、厚纸，直到各种高级和特种纸张、纸板，规格名目繁多，凸版印刷不仅可以承印不同质量和不同厚薄的各种纸张，而且还可以承印其他各种材料，是其他印刷方式不能比拟的；

（4）凸版印刷的印刷品的背面有轻微的凸痕，线划整齐、笔触有力、颜色饱满；

（5）凸版印刷对包装装潢的适应面广，能满足各方面的不同要求，被广泛地应用于报刊、商标、商品说明书、商品包装盒的印刷；

（6）凸版印刷的成本较高，印刷速度较慢，凸版印刷的制版质量难以控制，费用昂贵；不适合印刷大幅面的产品，在印刷招贴画、地图、包装材料等印刷品时，其生产成本、印刷速度都难与平版印刷竞争；印刷彩色或连续调图片时，需要使用质量较高的纸张，价格较贵。

凸版印刷最适合以色块、线条为主的一般包装，如瓶贴、盒贴、吊牌和纸盒等，也可印制塑料膜。在包装中凡是印刷品的纸背有轻微印痕凸起，线条或网点边缘部分整齐，并且印墨在中心部分显得浅淡的，都是凸版印刷品（图 6－4）。

图 6－4　凸版印刷包装

二、平版印刷

平版印刷应用十分广泛，由于制版速度快，质量高，印品层次丰富，色调柔和，成本低廉，所以发展很快。

1. 平版印刷的原理

平版印刷所用的印版，其图文部分和空白部分无明显高低之分，几乎处于同一平面上，图文部分通过感光方式或转移方式使之具有亲油性，空白部分通过化学处理使之具有亲水性。印刷时利用油水相斥的原理，首先在版面上“湿水”，使空白部分吸附水分，再往版面上滚上油墨，使图文部分附着油墨，而空白部分因已吸附水不再吸附油墨，印刷时将纸张或其他承印物与印版接触，并加以适当压力，印版上图文部分的油墨就可转移到承印物上。现代平版印刷多采用间接印刷方式，即印版上的图文首先被转移到一个橡皮滚筒上，然后再从橡皮滚筒上转移到承印物上而成为复制品，这种间接平版印刷方式亦称为胶印(图 6-5)。

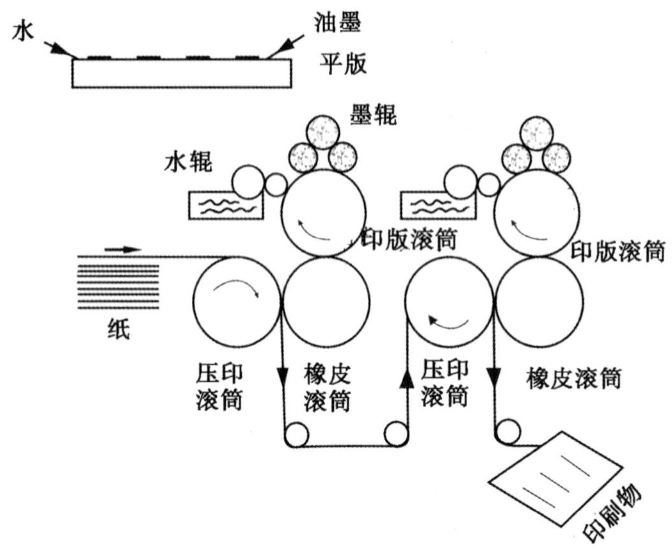

图 6-5 平版印刷原理

2. 平版印刷的主要特点

(1) 制版工艺简单、迅速，现代平版印刷多以 PS 版晒制印版，其版材轻而价廉，制版工艺简单，制版速度也很快；

(2) 印版耐印力高，平版印版由传统的蛋白版、PVA 版发展到 PS 版后，其印版的耐印力得到极大提高，一般 PS 版经烘烤后其耐印力可达 40 万印；

(3) 平版印刷的速度很快；

(4) 平版印刷品质量高，平版印刷的印刷成品没有像凸版印刷的成品表面不平的现象，印刷的油墨膜层较平薄，对连续调图像的阶调、色彩有较强的表现力。

平版印刷广泛用于色彩照片、写实为主的包装装潢画面，能够充分表达景物的质感和空间感，铁盒也多用于平版印刷(图 6-6)。

图 6-6 平版印刷包装

三、凹版印刷

随着商品生产的不断发展，不论在产量上还是在品种和质量上，对包装装潢材料的要求越来越高。由于凹版印刷生产的特点，能在各种大幅面的纸张、塑料薄膜以及金属箔纸等特种纸张的承印物上印刷高质量印刷品，因此凹版印刷广泛地应用于商业宣传及商品包装装潢印刷。选用凹版印刷工艺，不仅在技术质量上具有一定的优势，而且在经济上可以取得良好的效益。

1. 凹版印刷的原理

凹版印刷的印版版面的印刷部分被腐蚀或雕刻凹下，而低于空白部分，而且凹下的深度随图像的黑度不同而不同，图像部位越黑，其深度越深。但是空白部分都在同一平面上，印刷时，整个版面涂布油墨，然后用刮墨刀刮去空白部分的油墨，再施以较大压力使版面上印刷部分的油墨转移到承印物上而获得印品(图 6－7)。

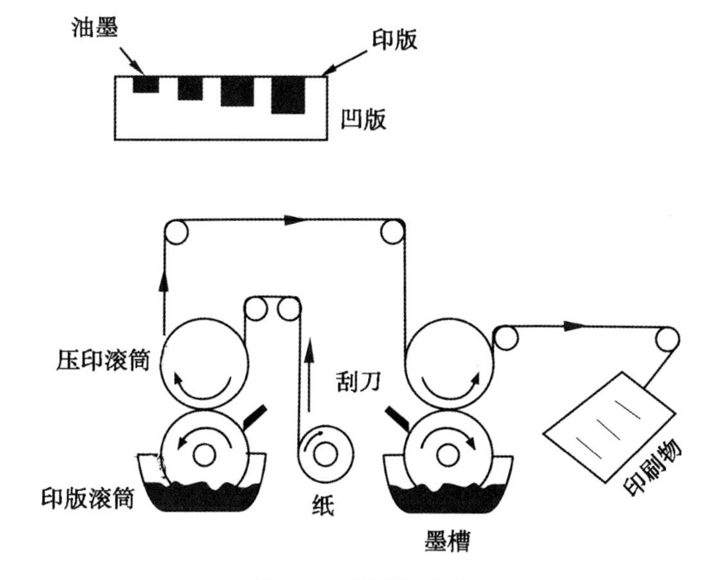

图 6－7　凹版印刷原理

2. 凹版印刷的主要特点

(1) 凹版印刷品图文精美，墨色厚实，具有立体感，色彩鲜艳，层次丰富；

(2) 凹印机结构简单，印版耐印力高，凹版印刷生产速度快，干燥迅速；

(3) 凹版印刷成本较低，印刷材料的适应面广，可以承受的印刷面大。

凹版印刷适宜于各种精美的图片，各种大幅面、大宗产品以及各种商品包装装潢品的印刷。凹版印刷常用于印刷有价证券、精美画册、塑料挂历和塑料包装袋等(图 6－8)。

图 6－8　2008 pentawards 银奖牛奶巧克力包装(凹版印刷)。

四、丝网印刷

随着人们对商品及其包装装潢要求的提高，丝网印刷在包装装潢中的应用也将越来越广泛，在商品包装装潢中占有特殊的地位。

1. 丝网印刷的原理

丝网印刷的印版上，印刷部分是由大小不同的孔洞或大小相同但数量不等的网眼组成，孔洞能透过油墨，空白部分则不能透过油墨。印刷时，将油墨放入网框内，在印版的下面安放承印物，再用柔性刮墨刀在网框内加压刮动，使油墨从版膜上镂空部分“漏”印到承印物上，形成印刷复制品(图 6-9)。

图 6-9 丝网印刷原理

2. 丝网印刷的主要特点

图 6-10 丝网印刷包装

(1) 丝网印品墨层厚实，由于丝网印刷是通过版面网孔把油墨漏印在承印物上，因此丝网印刷的印刷品上油墨层较厚(其厚度约为平版印刷的 5—10 倍)，图文略微凸起，不仅有立体感，而且色彩浓厚(图 6-10)。

(2) 丝网印刷适合于在各种类型的承印物上印刷，不论承印物是纸张还是塑料，是软还是硬，是平面还是曲面，是大还是小，均可作为丝网印刷的承印物；

(3) 丝网印刷对印刷条件的要求很低，而且不需更多的设备便可印刷。

五、柔性版印刷

随着现代工业和合成材料工业的发展，各种包装材料愈来愈多，如纸张、瓦楞纸、合成纸、塑料、金属铝箔等不断进入包装领域，而柔性版印刷承印材料范围的广泛性正适应了包装印刷的要求。包装印刷制品除了印刷之外，一般都需要配以上光、烫印、覆膜、压痕、模切和分切等印后加工，现代的柔性版印刷机，如窄幅机组式柔性版印刷机可以将产品的印刷及加工在一条生产线上进行，极大地提高生产效率，并降低了生产成本。由于柔性版印刷可以采用水基性油墨印刷，无污染，有利于环保要求，被称为绿色印刷，因此在食品、医药卫生用品的包装上占有极大的优势。

1. 柔性版印刷的原理

柔性版印刷是利用橡皮凸版和快干溶剂性油墨的一种轮转凸版印刷方法。过去一度称为苯胺印刷，由于苯胺油墨有刺激性气味和有毒，现已改用其他油墨。目前我国已制定国家标准把使用柔性版通过网纹传墨辊传递油墨施印的方法称为柔性版印刷。由于柔性版印刷是采用具有柔性的、图文呈浮雕型凸起的印版，而且承印材料与印版也是直接接触，因此，其印刷原理与直接凸版印刷的原理是一致的。但是柔性版印刷的传墨方式与其他印刷的传墨方式不同，它一般是借助于刮墨装置，把油墨均匀地分布在网纹辊上，再由网纹辊把油墨传递到印版上。

2. 柔性版印刷的主要特点

(1) 柔性版印刷机采用网纹辊输墨传墨，传墨系统十分简单，与其他印刷机相比，省去了复杂的输墨辊组，输墨控制反应更为迅速，操作方便，同时也降低了印刷机的成本；

(2) 柔性版印刷的制版简单，并能在机外对印版滚筒上版及打样、套准检测；

(3) 柔性凸版压力小，耐磨性强，耐印力一般可达 80 万印，最高可达百万印以上，对大批量印件可减少换版次数；

(4) 采用醇溶性油墨在塑料薄膜上进行印刷，因其有较大的挥发性，再加上使用热风干燥装置，墨层可很快干燥；

(5) 柔性版印刷多为卷筒式供料，可以充分发挥印刷机的效能；

(6) 柔性版印刷机可与各种后加工机械连接配套，形成流水作业线，提高劳动生产率；

(7) 卷筒料柔性版印刷机一般都配备有一套可适应不同印刷重复长度的印版滚筒，特别适应规格经常变更的装潢印刷品印刷；

(8) 柔性版印刷对承印物具有广泛的适应性，不仅适用在各种包装材料上印刷，还适用于在超薄型、表面极光滑的材料和超厚型、表面较粗糙的材料上进行印刷。

六、数码印刷

数码印刷是指利用数码技术对文件、资料进行个性化处理，利用印前系统将图文信息直接通过网络传输到数字印刷机上印刷出产品的一种印刷技术。它涵盖了印刷、电子、电脑、网络、通讯等多种技术领域，体现了印量灵活、印品多样化与个性化、方便存储、可多次调用电子文件进行印刷的印刷方式。

数码印刷系统主要由印前系统和数码印刷机组成，有些系统还配上装订和裁切设备，从而取消了分色、拼版、制版等步骤。它将印刷带入了一个最有效的运作方式：从输入到输出，整个过程可以由一个人来控制，还能实现一张起印。数码印刷体现了“先分发，后印刷”的概念。目前，数码印刷主要适合以个性化印刷、可变信息印刷、即时印刷为特点的“按需印刷”，所以它也可定义为按照用户的时间要求、地点要求、数量要求、成本要求与某些特定要求等来向用户提供相关服务的一种印刷服务方式。

1. 数码印刷的特点

(1) 印刷过程是从计算机到纸张或印刷品的过程，即直接把数字文件/页面转换成印刷品的过程；

(2) 影像的形成过程一定是数字式的，不需要任何中介的模拟过程或载体的介入；

(3) 印品信息是100%的可变信息，即相邻输出的两张印刷品可以完全不一样，可以有不同的版式、不同的内容、不同的尺寸，甚至可以选择不同材质的承印物，如果是出版物的话，装订方式也可以不一样。

2. 数码印刷的优势

与传统印刷相比，数字印刷具有不可比拟的优势：传统印刷针对的是大规模生产的、大众需求的市场，一次只能印刷若干数量的、同样内容的印刷品，不论用户是印刷1 000张还是10万张，从第一张到最后一张印品，上面的图文都是丝毫不差、完全相同的。而数码印刷针对的是个性化的按需生产市场，其工作流程是：电子印刷前系统→印刷→印刷品。它可以进行任何时候、任何地点、任何印刷数量的印刷业务；彩色数码印刷系统可以一张起印，实现可变数据的印刷，每一页上的图像或文字可以在一次印刷中连续变化，具有更大的灵活性，占地面积更小，使用也更方便。

七、特种印刷

特种印刷是针对于普通印刷方式而言的不同类型的印刷方式，采用不同于一般制版、印刷、印后加工方法和材料生产，供特殊用途的印刷方式。凡是这五个方面中有任何一方面不同于一般印刷的都应属于特种印刷。常见的特种印刷方式有：金属印刷、玻璃印刷、皮革印刷、塑料薄膜印刷、软管印刷、曲面印刷、磁卡和智能卡印刷、票证防伪印刷、贴花印刷、不干胶标签印刷、热敏油墨印刷、变色油墨印刷、珠光油墨印刷、发泡油墨印刷、磁性油墨印刷、荧光油墨印刷、凹凸印刷、立体印刷、激光全息虹膜印刷、液晶印刷、组合印刷等。

随着客户需求提高，特种印刷技术的发展，最近，特种印刷又出现了一个新的定义：特种印刷是一般的印刷品所不具备的，将对人的五感有影响的要素注入印刷品上，使其增强表现效果的同时能够更佳地发挥作为印刷品的意外功能。换言之，它是提高印刷品额外价值的手段。因此，大日本印刷公司将原先特种印刷的称呼，改称为“附加价值印刷”。它可以解释为在同等的时间内，利用同量的材料，采用同一种印刷工艺，可以获取两种以上功能的印刷方法。

特种印刷根据不同的内容，有很多种类，具有下列特点之一者都列为特种印刷。

1. 使用具有特殊性能的油墨，在纸上或其他承印材料上进行印刷；

2. 使用特殊的印刷方法，在特殊的形状或特殊的材料上进行印刷；

3. 将印刷物转印到其他承印材料上的特殊加工印刷方法。

第四节 包装印刷制作过程

一、设计原稿

设计原稿是预想印刷后的一种效果稿。包括对很具体的文字、图形、色彩等各种要素的全面而准确的设计。在包装设计上，现在多采用电脑辅助设计，对各种造型要素和内容要素精确地进行编排设计。设计引导着印刷，但同时也受印刷工艺所制约，因此设计师需要全面了解印刷工艺，才能最大程度地利用印刷工艺设计、生产出优秀的包装设计作品。

二、照相与电分

对设计稿中的插图与摄影照片通过照相或电子扫描分色，经过在电脑上的调整后进行印刷。电分就是电子分色，是一种运用现代高科技技术，采用光电扫描方法对原稿进行分解扫描，并根据色彩三维空间理论和图像信息处理理论，采用计算机对其进行处理，以获取原稿图像信息，满足各种制版条件和印刷条件的一种彩色图像复制技术。

彩色画稿或彩色照片，其画面上的颜色数有成千上万种。若要把这成千上万种颜色一色色地印刷，几乎是不可能的。印刷上采用的是四色印刷的方法。即先将原稿进行色分解，分成青(C)、品红(M)、黄(Y)、黑(K)四色色版，然后印刷时再进行色的合成。所谓“分色”就是根据减色法原理，利用红、绿、蓝三种滤色片对不同波长的色光所具有的选择性吸收的特性，而将原稿分解为黄、品、青三原色。在分色过程中，被滤色片吸收的色光正是滤色片本身的补色光，以至在感光胶片上，形成黑白图像的负片，再行加网，构成网点负片，最后拷贝、晒成各色印版。这是最早的照相分色原理。

由于印刷技术的发展，现在我们可以通过印前扫描设备将原稿颜色分色、取样并转化成数字化信息，即利用同照相制版相同的方法将原稿颜色分解为红(R)、绿(G)、蓝(B)三色，并进行数字化，再用电脑通过数学计算把数字信息分解为青(C)、品红(M)、黄(Y)、黑(K)四色信息。

三、制版

制版方式有凸版、凹版、平版和丝网版等，基本上都是采用晒版和腐蚀的方法进行制版。制版过程一般为：

原稿—菲林—曝光—显影冲洗—干燥—后处理—贴版供上机印刷。

原稿制作好之后，经过电脑照排机电子分色输出生成菲林。菲林送制版车间拼版后在各种不同的制版设备中曝光，经显影冲洗、干燥、后处理后贴版供上机印刷。不同的印刷方式有不同的要求，制版过程大体相同。

现代平版印刷则是将各种不同制版来源的软片，分别按照要求的大小拼到印刷版上，然后晒成印版（PS 版）进行印刷。

四、拼版

通过拼版工艺，把所需的各个图像、文字、底纹、花边等，按版式设计要求和印刷条件，拼在一副对开、三开或四开的版面上，然后晒成印版（PS 版）进行印刷。这就是拼版的目的。

拼版工作随着客户设计的多样化和电子分色工艺的普遍采用而更加复杂，任务更加繁重。因此，必须十分重视拼版工作和推广使用先进的拼版方法。

五、打样

把制成的印版，装在打样机上进行试印的工作称为打样。

打样的目的主要有以下两点：

第一，对原版的质量进行检查。例如：对原稿阶调、色彩的再现性是否达到了要求；版面尺寸、图像、文字的编排、规矩线等是否正确，有无遗漏等，如有不妥之处，就要进行修正。

第二，为正式印刷提供样张或印刷的基本参数，如墨色、网点再现的范围等，使印刷达到规范化、标准化的操作。

六、印刷

设计经过试印、调整达到设计稿各方面的要求后使用相应设备进行批量印刷。

七、加工成型

对印刷品进行压凸、烫金、烫银、上光覆膜、折叠、黏合等后期制作工艺，完成了整个印刷过程。

第五节　包装印刷品的表面加工工艺

图 6-11　五粮液六百岁酒包装采用烫金工艺，提升包装档次和品质。

包装的印刷加工工艺是在印刷完成后，为了美观和提升包装的特色，在印刷品上进行的后期效果加工，主要有烫印、上光与上蜡、浮出、压印、扣刀、覆膜、UV 激光压纹、裱纸等工艺。

一、烫印

烫印，俗称"烫金"，在我国已有很长的历史了。烫印是一种不用油墨的特种印刷工艺，它是借助一定的压力与温度，运用装在烫印机上的模版，使印刷品和烫印箔在短时间内相互受压受热，将金属箔或颜料箔按烫印模版的图文转印到被烫印刷品表面的工艺技术。

烫印工艺被广泛应用于高档、精致的包装装潢、商标和书籍封面等印刷品上，以及家用电器、建筑装饰用品、工艺文化用品等方面。该工艺可应用于纸、皮革、丝绸织物、塑料等材料上，使产品具有高档的质感。同时由于具有优良的物理化学性能，又起到了保护印刷品的作用（图 6-11）。烫金纸材料分很多种，其中有金色、银色、镭射金、镭射银、黑色、红色、绿色等等多种多样。

二、上光与上蜡

上光是包装产品印后加工的一种常用工艺，在印刷品表面涂（或喷、印）上一层无色透明的涂料，经流平、干燥、压光、固化后在印刷品表面形成一种薄而匀的透明光亮层，起到增强载体表面平滑度、保护印刷图文的精饰加工功能的工艺。产品表面通过上光涂布后，可以使印刷品增强耐水、耐晒、耐摩擦和耐污染等性能，同时也可提高产品的表面亮度，使产品的档次大大提高。

上蜡则是在包装纸上涂热熔蜡，除了使色泽鲜亮外主要还能起到很好的防潮、防油、防锈、防变质等功效。

三、浮出

浮出是一种在印刷后，使平面上的印刷物变成立体凸状的印刷加工方法。在普通的印刷物印刷之后，将树脂粉末溶解在未干的油墨里，经过加热而使印纹隆起而有凸出的立体感浮出。印刷使用的粉末有光艳的和无光泽的，以及金、银、荧光色等。这种工艺适合高档礼品的包装设计，有高档华丽的感觉(图 6－12)。

图 6－12　浮出印刷工艺,使可爱小公主的帽子生动起来。

四、压印

又称凹凸压印,先根据图形形状以金属版或石膏制成两块配套的凸版和凹版,将纸张置于凹版与凸版之间,稍微加热并施以压力,纸张则产生了凹凸现象。这种工艺多用于包装中的品牌、logo、图案的主体部分,以造成立体感而使包装富于变化,提高档次。压印和烫印可同时进行,客户可根据包装选择烫金、银或其他颜色。色彩是包装视觉传达中的重要视觉元素,也是销售包装的灵魂,美的产品包装不仅带给人们视觉上的享受,也会激发人的购买欲望(图 6－13)。

五、扣刀

扣刀又称压印或模切。当包装印刷品需要切成特殊的形状时,可通过模切成型。其方法是先按形状要求制作木模,并用刀片顺木模边缘围绕加固,然后将该模版固定在磨切机上,将包装印刷品模切成型。这种工艺主要用于包装的成型模切,以及各种形状的天窗、提手、POP、产品所需形状的模切。

图 6－13　凹凸压印印刷工艺包装,使包装更有立体感。

为了在设计作品中表现出丰富的结构层次和趣味性的视觉体验,设计师们常常利用模切的工艺对印刷承载物进行后期加工,通过模切刀切割出所需要的图形,使得设计品更加有创意(图 6－14)。模切工艺除了可以起到塑造作品外形的作用之外,还可以完善设计的实用功能。比如,利用模切工艺能够在印刷品上进行各种花样的镂空制作,如此一来,观者就能透过镂空的纸面观察、获得内页的图文信息,有时也能营造出意想不到的漂亮光影效果,使得作品更加精致,而读者也能够体味到设计的趣味性,同时方便了阅读和获取信息,增加和设计者的一种互动,提升作品的艺术价值。

六、覆膜

图 6－14　模切工艺包装

覆膜属于印后加工的一种主要工艺,是将涂布黏合剂后的塑料薄膜,与纸质印刷品经加热、加压后黏合在一起,形成纸塑合一的产品,它是目前常见的纸质印刷品印后加工工艺之一。经过覆膜的印刷品,由于表面多了一层薄而透明的塑料薄膜,表面更加平滑光亮,不但提高了印刷品的光泽度和牢度,延长了印刷品的使用寿命,同时塑料薄

图 6-15 Skanemejerier 是瑞典的一家品牌形象设计和新包装刚推出不久的乳品企业。简洁、时尚、可爱的设计元素非常符合少年和年轻人的风格。采用覆膜印刷工艺。

膜又起到防潮、防水、防污、耐磨、耐折、耐化学腐蚀等保护作用。如果采用透明亮光薄膜覆膜，覆膜产品的印刷图文颜色更鲜艳，富有立体感，特别适合绿色食品等商品的包装，能够引起人们的食欲和消费欲望(图 6-15)。如果采用亚光薄膜覆膜，覆膜产品会给消费者带来一种高贵、典雅的感觉。因此，覆膜后的包装印刷品能显著提高商品包装的档次和附加值。

七、UV

UV 印刷是一种常用的包装印刷工艺，效果接近覆膜、过油、凸字等效果。UV 印刷是通过一种特殊材料印刷，再经过紫外线照射烘干工艺将印刷品表面的图案文字附着一层固态透明胶状物质，达到一种凹凸并有光泽的效果，一般用于高档包装和书籍制作。比如彩盒要求要突出产品或者其他的部分，采用整体表面覆亚膜，然后再用丝印对需要亮的地方局部 UV 一次。这样看起来比较高档，也会有立体感。还有的采用激凸，这样看起来立体感比较强，摸起来有手感(图 6-16)。根据产品上光的需要，对商标、包装印刷品需要突出的部位进行局部上光涂布。局部上光产品有光泽与无光泽部分的反差很大，风格独特，能产生独到的艺术效果。另外，一些包装盒采用局部 UV 上光时可将糊口预留出来，为糊盒采用普通黏合剂创造条件。

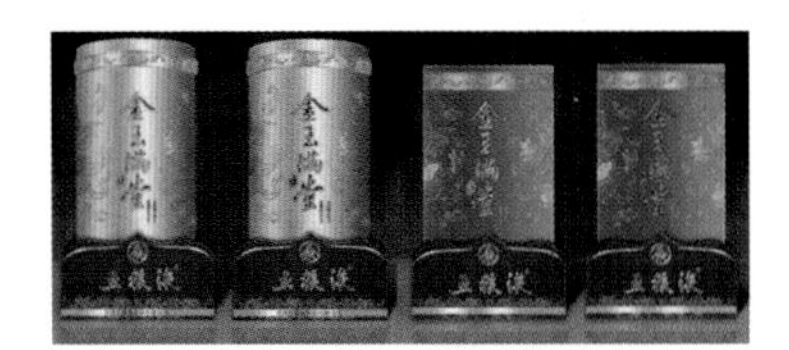

图 6-16 五粮液金玉满堂酒系列包装采用 UV 凸字折光印刷工艺包装，立体感十足，也使包装彰显尊贵。

八、激光压纹

激光压纹又称折光印刷，是 20 世纪 80 年代初兴起的印刷工艺，能使印品表面产生新颖奇特的金属镜面折光效果，适合印刷具有高光泽的金银卡纸。在折光的基础上，根据立体透视原理设计出具象或抽象图案，将多种折光纹综合应用，可以使画面产生有层次的立体感图像(图 6-17)。金银卡纸主要用于高档烟、酒、化妆品等包装盒，使用折光印刷工艺在此类纸张上压印，可使包装盒光耀夺目、色感华丽、立体感强。

图 6-17 采用折光印刷工艺，使包装形象更能吸引消费者注意，同时也能提升包装的档次。

* * *

本章小结：包装离不开印刷。因为包装印刷的好坏直接关系到包装设计最终传达的效果。包装印刷在经济飞速发展的今天，已经从文化印刷中分离出来，形成了很有自身特点的工业门类。作为包装设计人员，一定要全面地了解、熟悉包装印刷的种类、工作原理、印刷流程等各个环节的相关知识，这样才能使包装设计和包装印刷相得益彰。

习题：

1. 常用的包装印刷有哪几种？

2. 包装印刷的加工工艺有哪些？各自的特点分别是什么？

3. 包装的印刷加工工艺的作用是什么？

第七章　包装设计优秀作品赏析

图 7-3　镂空的 CD 外包装，独特的剪裁加上 CD 封面图案，混搭出意想不到的清新风格。消费者能够更好地观察到商品自身的真实性，同时，也赋予 CD 包装以无限的创意和想象。

图 7-1　铜色烙印、浮雕图案以及用铆钉固定的金属，营造出一种古老墨西哥的氛围。

图 7-2　烫金工艺印刷包装，准确地传达了蜂蜜的色彩和品质感。

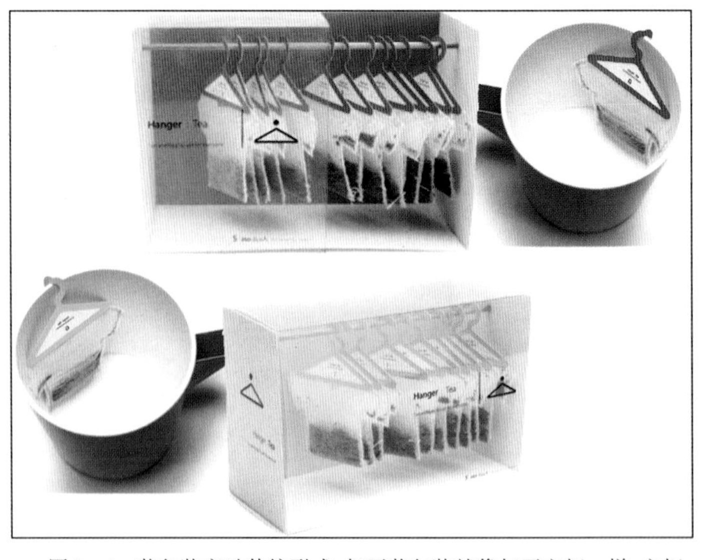

图 7-4　茶包装突破传统形式，打开茶包装就像打开衣柜一样，衣柜里漂亮的衣服能让你更美丽，同样，此款茶也能让你越喝越美丽，而且有不同的颜色供你选择哦。

图 7-5　素描风格的埃尔化妆品包装，简约、纯粹。

图 7-6　在包装设计中，条形码的处理往往使设计师非常头痛，处理不好会影响整个设计的布局效果。而在 DeliShop 这个案例中，设计师安瑞科・阿奎莱拉却在很大程度上依赖于条形码图形，并将其作为主视觉贯穿整个系列包装中，最终效果非常不错！

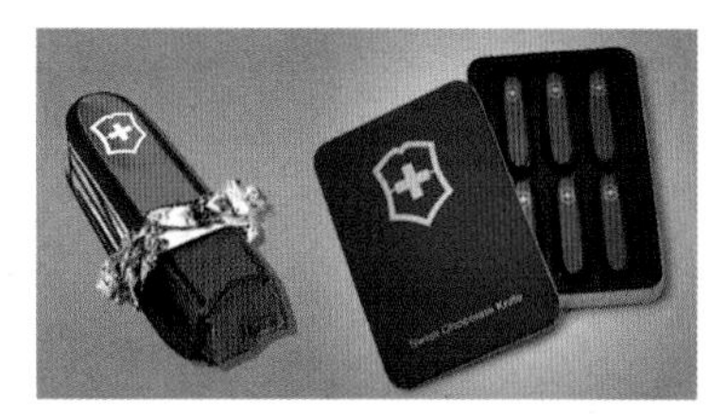

图 7-8　这一定会是一款让你大吃一惊的巧克力包装！打开包装你一定觉得它是“瑞士军刀”吧！包装的魅力也在于在打开的一瞬间带给消费者的惊喜和感动。

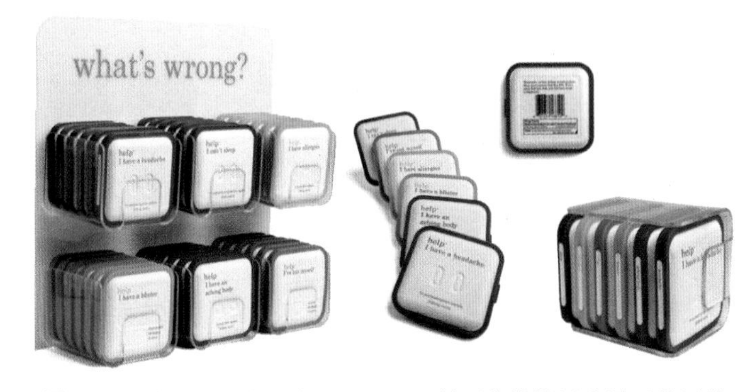

图 7-7　Chapps Malina 和 Little Fury 是两位从韩国移居至美国的设计师，他们联合 Help Remedies 设计了一套新的创意药片包装。在包装上面，你可以看到“我头疼”、“我失眠”、“我过敏”等最直接的文字表达，购买者可以根据这些买到自己需要的产品。

图 7-9　这个手风琴式的泡面盒设计，第一为泡面提供了食用的器具，第二在吃完面之后可以受压变形压缩成片状，节约垃圾桶空间，易携带运输，真正体现了绿色、环保的设计概念。

图 7－11　辣酱只能用红色的包装吗? 李双喜设计的这款黄色辣椒酱包装很好地突破了这一传统观念，视觉上给人以很强的冲击力。

图 7－10　NOO-Del 不仅是一款简洁的包装，设计师还将其装饰为日本艺妓造型，它同样可以作为装饰品放置在书架上做摆设，设计意图就是为包装带来第二次生命。

图 7－12　Thymes 每个系列包装都体现了产品独有的特性，精美、幽雅和时尚是对其视觉形象的最好诠释。

图 7－14　来自俄罗斯设计师阿瑟·施莱伯设计的酒瓶的造型仿佛被刀一劈为二，视觉上产生了错觉感，让人印象深刻!

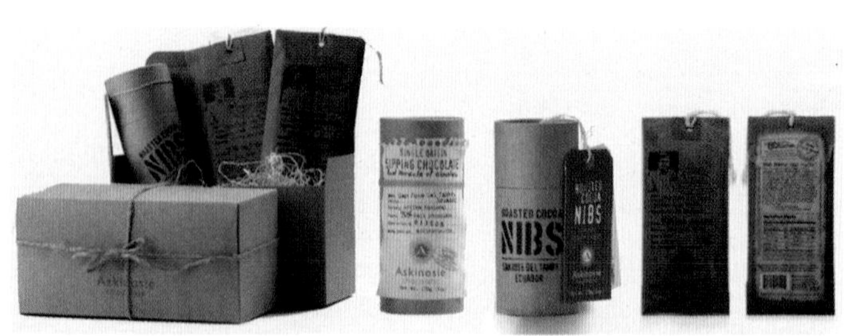

图 7－13　skinosie 巧克力，非常有个性的一款巧克力系列包装，不像如今的产品包装大都精心设计并采用考究的纸张和印刷工艺，这款产品包装上并没有多余的设计装饰，而是采用了环保纸张，产品名称及说明文字以喷涂、打字机打印及手写的方式来体现，很好地还原了巧克力原汁原味的特色。

图 7 - 15 克莱尔的手工果酱包装,通过创造性的生动背景图案来体现手工工艺所带来的兴奋和独特之处。

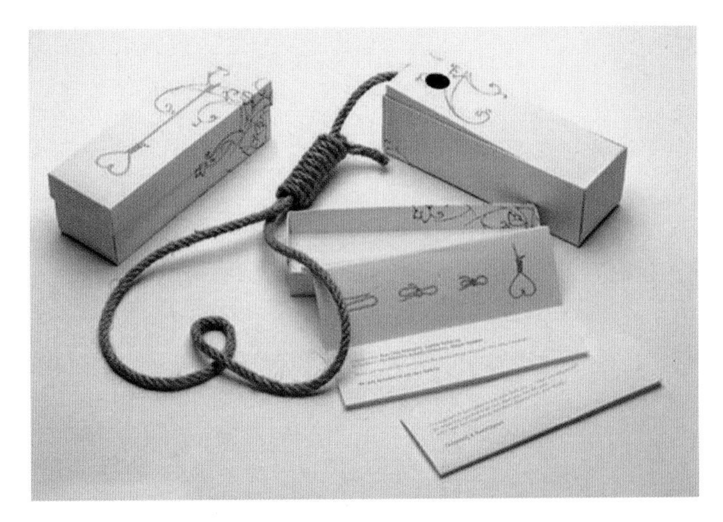

图 7 - 16 设计师 ChrisTrivizas 为自己的婚礼设计了一个很特别的邀请函,包装盒内附有一条心形绳结,寓意着他与新娘之间能够“永结同心”。

图 7 - 17 日本清酒酒杯套装,以日本歌妓来作为图形元素,勾勒出清酒的清香淡雅,静谧怡人。

图 7 - 18 不同系列茶被设计者聪明地组合成一个星形盒子造型。设计简洁时尚,体现了新概念的设计理念。

图 7－19　2008 年 Pentawards 包装设计奖——honey 蜂蜜包装的亮点就在于把可爱的蜜蜂的形象和文字有机地结合成一个整体，俏皮，可爱。

图 7－20　Spark 洗衣粉形似洗衣机的盒子，展现了一种全球化语言。使用者可以看到盒子里洗衣粉的多少，并进行再次购买。由于这个包装可以被多次填满，因此它的用途广泛。由韩国设计机构 Aekyung 设计。

图 7－21　橘子味食品，看起来像一个方形的橘子，更有趣的是打开它的时候，需要像剥橘子一样剥开，充满了吸引力和趣味性。

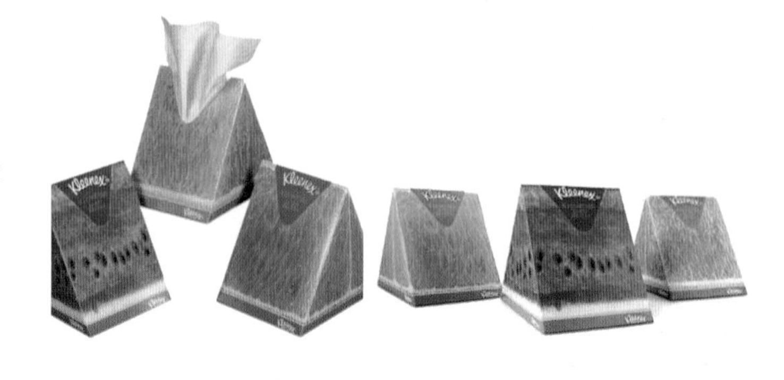

图 7－22　Kleenex 系列纸巾产品取名为“分享夏日”。外包装盒被设计成被切片了的各种多汁的水果，如西瓜、柑橘、柠檬等，看起来非常诱人。从这款纸巾包装盒中，能让人体会到魅力、惊喜、新鲜和简单。

图 7 - 23　此包装造型独特，图形、颜色运用和谐美观。让人感觉这不仅是一种包装，更是一种文化。

图 7 - 24　很有生机的一款茶包装，感动消费者的点就在那一片小小的、嫩嫩的绿叶上。

图 7 - 25　包装中将蜜蜂的形象运用得淋漓尽致，蓝绿色包装袋更是体现蜂蜜源于自然，绿色无污染的概念。

图 7－26　顺着盖子滑过瓶身的滴落的蜂蜜状图形绝对是此包装的亮点。浓浓的一滴，甜甜的一滴，除了给人以浓厚香醇之感外，消费者只有撕裂这个部位才能品尝到蜂蜜，起到保护包装的作用。包装底部的凹陷更是方便了运输与陈列。

图 7－27　亨氏蔬菜包装中采用手写体文字，传达手工种植的概念，一下拉近了产品和消费者的距离。

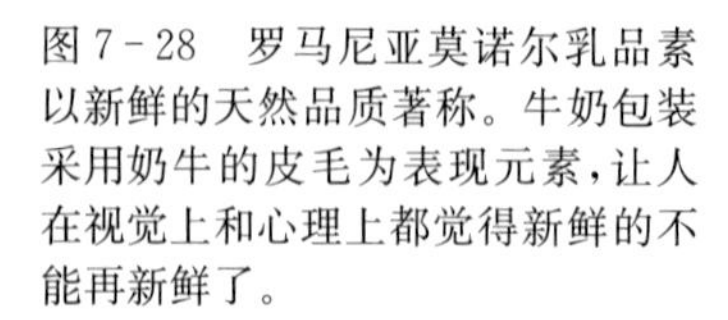

图 7－28　罗马尼亚莫诺尔乳品素以新鲜的天然品质著称。牛奶包装采用奶牛的皮毛为表现元素，让人在视觉上和心理上都觉得新鲜的不能再新鲜了。

图 7－29　茶包采用小鸟的形象，让人忍俊不禁，你会不会为了多看几次可爱的小鸟而每天多泡几次茶呢？

图 7－30　简洁大气的一款包装，标志图形被巧妙地作为辅助图形来应用。

图 7 - 31 色彩缤纷的糖果、巧克力包装中无一例外的在用色彩的语言传达着产品的味觉特点和设计的魅力。

图 7 - 33 此包装的造型和颜色都是仿照香蕉来设计，让人一目了然，里面盛装的不是香蕉饮料还会是什么呢！

图 7 - 34 天然材料(绳)的运用，有返璞归真的感觉。使人觉得容器中的蜂蜜一定是纯天然、无污染的。

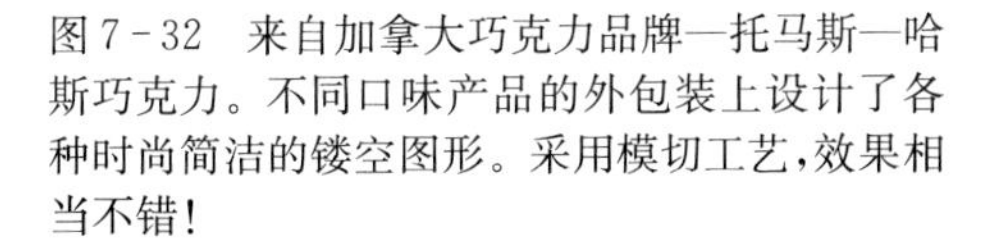

图 7 - 32 来自加拿大巧克力品牌—托马斯—哈斯巧克力。不同口味产品的外包装上设计了各种时尚简洁的镂空图形。采用模切工艺，效果相当不错！

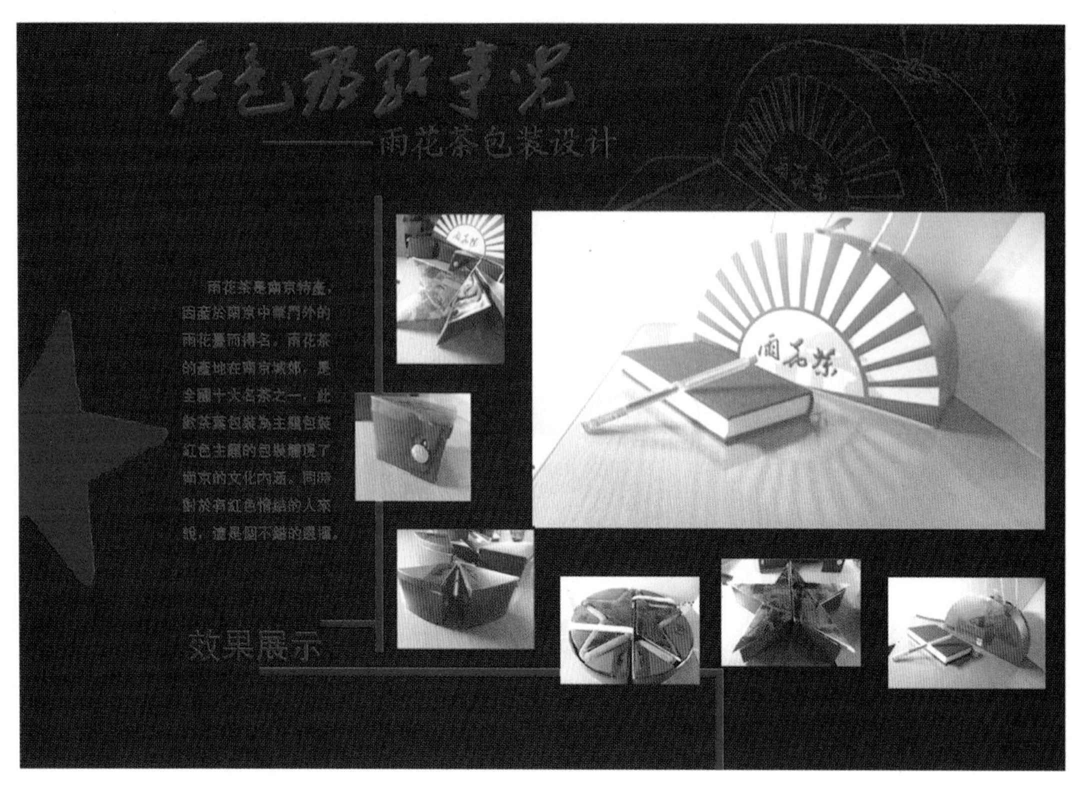

图 7 - 35　雨花茶包装设计，让人重温红色经典，感受红色魅力。（设计：吕海霞；指导教师：张艳平）

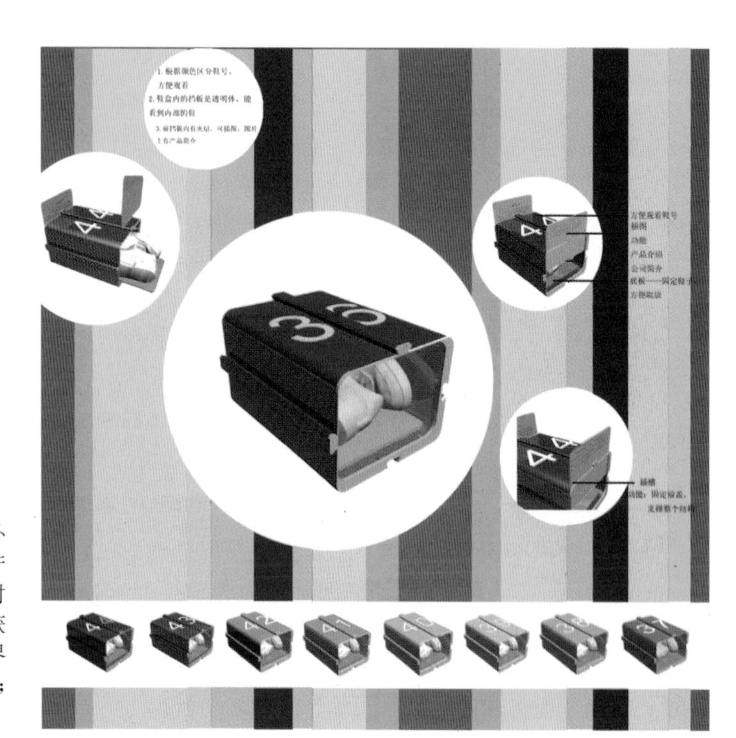

图 7 - 36　运输中的鞋盒设计。外形简单、结构合理。模块化设计使产品可以循环使用、方便运输。返厂时可以折叠，节约空间。该作品获2007“包装之星”二等奖、2007“世界包装之星”入围奖。（设计：刘小宁；指导教师：张艳平）

图 7－37 红酒包装设计，整体造型简单明了，富有时代感，颠覆传统圆形瓶体，玻璃与金属的镶嵌组合尽显产品给人带来的高雅与浪漫感。简约的瓶型带有一些中国本土元素又不失红酒高雅浪漫的本质。（设计：张德良；指导教师：张艳平）

图 7－38 “摇一摇”茶包装设计，包装理念借鉴摇卦抽签的方法，增强了包装的趣味性，同样是喝茶，过程却不再普通。（设计：扈明霞；指导教师：张艳平）

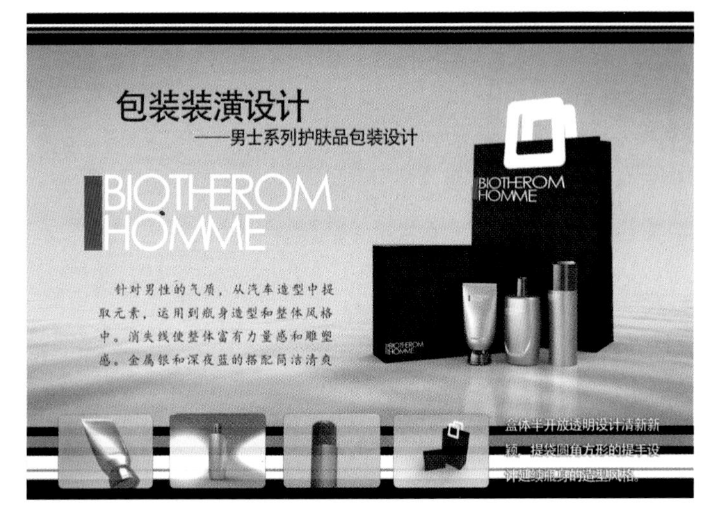

图 7－39 男士系列护肤品包装设计，色彩和造型都很好地传达了男性的气质特点。（设计：杨昊川；指导教师：杨冬梅）

参考文献

[1] 许之敏. 立体构成[M]. 北京：中国轻工业出版社，2003.

[2] 杨仁民. 包装设计[M]. 重庆：西南师范大学出版社，2001.

[3] 郑军. 包装设计与制作[M]. 北京：高等教育出版社，1997.

[4] 陈青. 包装设计[M]. 上海：上海人民美术出版社，2009.

[5] 黄江鸣，刘佳，李林森. 包装设计教程[M]. 南宁：广西美术出版社，2008.

[6] 陈磊. 走进包装设计的世界[M]. 北京：中国轻工业出版社，2002.

[7] 王安霞. 产品包装设计[M]. 南京：东南大学出版社，2009.

[8] 王国伦. 王子源. 商品包装设计[M]. 北京：高等教育出版社，2002.

[9] 尹章伟，刘全香，马桃林. 包装概论[M]. 北京：化学工业出版社，2006.

[10] 曾沁岚，等. 包装设计实训[M]. 上海：东方出版中心，2008.

[11] 王安霞. 包装形象的视觉设计[M]. 南京：东南大学出版社，2006.

[12] 金国斌，等. 包装设计师[M]. 北京：中国轻工业出版社，2006.

[13] 图行天下 http://www.photophoto.cn

[14] 顶尖设计网 http://www.bobd.cn/design/graphic/works/lpbz/

[15] 思缘设计 http://www.missyuan.com/thread-510242-1-1.html

[16] 3视觉平面设计在线 http://www.3visual3.com/bzsj/